电力电缆工
实操技能图解

国网武汉供电公司　组编

U0381681

中国电力出版社
CHINA ELECTRIC POWER PRESS

内 容 提 要

为了满足电力电缆工日常工作需要，依据相关规程标准的规定，结合供用电生产实际情况，特组织有实践经验的工程师编写了本书，详细地讲解电力电缆工的相关实操技能。全书所配图均为现场分步操作的细节照片，直观易懂。

全书共二十二个项目，分为制作安装类、电气试验类、运维检修类三个部分。

本书可作为电力电缆工、配电线路工的培训教材，也可供运维检修部门管理人员阅读参考，还可作为相关专业职业技能院校师生的参考书。

图书在版编目（CIP）数据

电力电缆工实操技能图解／国网武汉供电公司组编. —北京：中国电力出版社，2019.12
ISBN 978-7-5198-4053-2

Ⅰ.①电… Ⅱ.①国… Ⅲ.①电力电缆—电缆敷设—图解 Ⅳ.①TM757-64

中国版本图书馆 CIP 数据核字（2019）第 265267 号

出版发行：中国电力出版社
地　　址：北京市东城区北京站西街 19 号（邮政编码 100005）
网　　址：http://www.cepp.sgcc.com.cn
责任编辑：马淑范（010-63412397）
责任校对：黄　蓓　马　宁
装帧设计：张俊霞
责任印制：杨晓东

印　　刷：三河市航远印刷有限公司
版　　次：2019 年 12 月第一版
印　　次：2019 年 12 月北京第一次印刷
开　　本：710 毫米×1000 毫米　16 开本
印　　张：13.25
字　　数：175 千字
定　　价：76.00 元

本书编委会

前 言
PREFACE

　　随着社会经济的快速发展、我国城市化进程的推进，我们对电力的需求逐渐增加。而电力电缆线路与架空线路相比，供电可靠，寿命较长，其线路埋设在地下或管道中，不受外界干扰，不存在架空线路经常发生的断线、混线、倒杆、雷击等事故，且电力电缆易于解决工业集中地区和城市的供电问题，不会影响市容、厂容，不至于形成蜘蛛网式密集的供电线路。因此，电力电缆的应用日益增加，覆盖范围也在不断扩大，其重要性不言而喻，涉及的工作内容也越来越多。

　　为了满足电力电缆工职业实操技能的提高以及日常工作需要，本书编委会依据《中华人民共和国国家职业标准　电力电缆工》《国家电网公司电力安全工作规程》以及相关规程标准的规定，结合供用电生产实际情况、组织有实践经验的工程师编写了本书。本书重点讲述电力电缆工的实操技能和技巧，并注重能力培养。

全书共有二十二个项目，被归纳为三大部分：制作安装类、电气试验类、运维检修类。基本保证在实操知识连贯性的基础上，着眼于技能操作，力求浓缩精炼，突出针对性、典型性、实用性。教材编写者均为有多年工作经验的工程师，所编内容既有实际操作的具体方法，又有深入浅出的理论分析；最大亮点是图文并茂，将电力电缆工在实际操作的每个细节都进行了实景拍摄，尽可能直观、详细地讲解电力电缆工的相关实操技能。同时，本教程从标准化作业的角度，详细介绍了电力电缆电力施工的标准、质量要求以及安全注意事项。

在编写过程中，编者参考了近年来电力电缆技术领域的行业标准、文献资料，结合国网武汉供电公司工作实际，力求最大限度、全面地反映有关电力电缆方面的技术问题。

本书是国网武汉供电公司集体智慧的结晶。在此，还要特别感谢邱建春、刘洪、周静、王维、何志军等专家的辛勤付出！

限于作者水平，加之时间仓促，难免有不当之处，敬请广大读者批评指正！

编者

2019 年 12 月 1 日

目录

CONTENTS

第二部分 电气试验类

第三部分 运维检修类

参考文献

第一部分　制作安装类

项目一
10kV-XLPE 电力电缆冷缩户外终端头制作

一、学习任务

本项目主要介绍 10kV-XLPE 电力电缆冷缩户外终端头制作工艺。通过学习，可熟练掌握电力电缆冷缩户外终端头的制作。

二、工器具及材料

（1）工器具。电缆支架、钢锯、锯条、铁皮剪刀、裁纸刀、电缆刀、平锉、电工个人组合工具、安全帽、标示牌、工具包、手套、安全围栏（如图1-1所示）。

（a）工器具

（b）电缆支架

图1-1　工器具

（2）材料：砂纸 120 号 /240 号、电缆清洁纸、电缆附件（备 3 套终端头，不同规格各一套）、端子（与电缆截面积相符）、自粘胶带、硅脂膏、PVC 胶带、电缆若干米（如图 1-2 所示）。

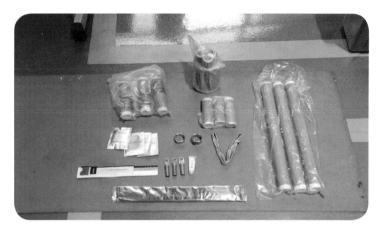

图1-2　材料

（3）设备：液压钳及模具（如图 1-3 所示）。

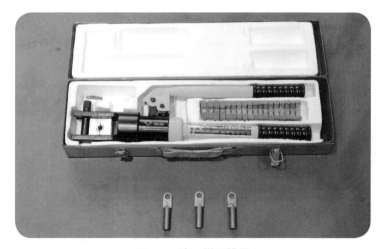

图1-3　液压钳及模具

三、安全要求 Search

（1）防刀具伤人。用刀时刀口向外，不准对着人体。工作过程中，注意轻拿轻放。

（2）施工时工作区域应设置硬质围栏。

四、注意事项 Search

（1）制作前。

1）电缆终端头在安装时要防潮，不应在雨天、雾天、大风天气安装电缆头。气温过低时要采取相关加热措施（如电缆线芯适当加热，套装冷缩管前用热风枪对电缆绝缘表面加热）。

2）施工中要保证手和工具、材料的清洁。

（2）制作过程中。

1）电缆终端头从开始剥切到制作完成必须连续进行，一次完成，防止受潮。

2）剥切电缆时不得伤及线芯绝缘。密封电缆时注意清洁，防止污秽与潮气侵入绝缘层。

3）按照标准制作方法，电缆终端头制作完毕后，必须进行绝缘电阻和直流耐压试验，合格后方可投入运行。

五、实操步骤 Search

（1）准备工作：着装规范，选择工器具、材料。

（2）冷缩电缆头终端制作步骤。

剥外护套钢铠及内衬层→固定钢铠底线→塞填充胶→安装冷缩三指套及冷缩管→固定防雨裙护套→端子压接→密封端口。

将电缆校直，把电缆终端头 1m 范围内的外护套表面清理干净。根据附件图纸尺寸长度做标记。

1）剥切电缆外护套。按电缆附件所示尺寸剥除外护套，自外护套切口处保留 25mm（去漆），用铜绑线绑扎固定后其余剥除。注意切割深度不得超过铠装厚度的 2/3，切口应平齐，不应有尖角、锐边，切割时勿伤内层结构，如图 1-4 所示。

（a）量取剥切长度并做标记　　　　　（b）剥除外护套

图1-4　剥切外护套

2）缠胶带。剥切外护套时，要保证端口平齐，无毛刺、凸缘、避免损伤和刺穿冷缩材料。在按图 1-5 所示位置缠胶带。

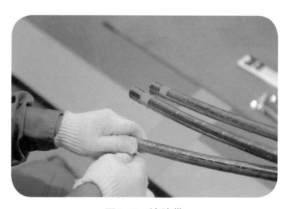

图1-5　缠胶带

（3）固定钢铠地线。用恒力弹簧将地线固定在钢铠上，为固定牢固，地线应预留 10～20mm；恒力弹簧将其缠绕一圈后，把露的头反折回来，再用恒力弹簧缠绕，如图 1-6 所示。

图1-6　固定钢铠地线

（4）绕包填充胶（安装三角垫锥，包绕普通填充胶）。

1）将三角垫锥用力塞入电缆分叉处，将三芯均匀分开，如图 1-7 所示。

图1-7　塞入三角垫锥，分开三芯

2）绕包填充胶。缠填充胶自断口以下 50mm 至整个恒力弹簧、钢铠及内护层，用填充胶缠绕两层，三岔口处多缠一层，这样做出的冷缩指套饱满充实，如图 1-8 所示。

图1-8　绕包填充胶

（5）安装冷缩三指套及冷缩绝缘管。

1）固定冷缩指套。在填充胶及恒力弹簧外缠一层黑色自粘带，使冷缩指套内的塑料条易于抽出，将指端的三个小支撑管略微拽出一点（从里看和指根对齐），再将指套套入尽量下压，逆时针将塑料条抽出。先抽出三指内支撑条，再抽大端支撑条，如图 1-9 所示。

（a）套入冷缩三指套

（b）抽出塑料条

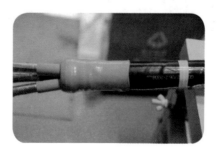
（c）固定后的冷缩指套

图1-9　固定冷缩指套

2）固定冷缩管。根据冷缩管端头到接线端子的距离切除或加长冷缩管。在指套端头往上 100mm 之内缠绕 PVC 胶带。在冷缩管套至指套根部，逆时针将塑料条抽出，抽时用手扶着冷缩管末端，定位后松开。不要一直攥着未收缩的冷缩管，以免影响塑料条的抽出，如图 1-10 所示。

 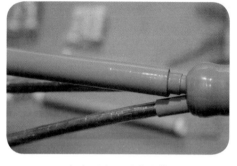

（a）取冷缩管端头到接线端子的距离　　　　　（b）固定后的冷缩管

图1-10　固定冷缩管

（6）剥切铜屏蔽层。注意切口应平齐，不得留有尖角，如图 1-11 所示。

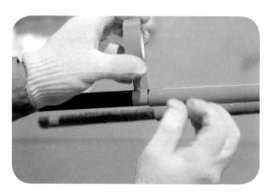

图1-11　剥切铜屏蔽层

（7）剥切外半导电层。注意切口应平齐，不得留有残迹，切勿伤及主绝缘层。外半导电层端口处应倒角，如图 1-12 所示。

（a）切割　　　　　　　　　　　　　（b）剥除

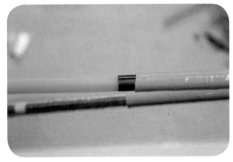　　

（c）剥除后　　　　　　　　　　　　（d）倒角

（e）剥切完成

图1-12　剥切外半导体电层

（8）绕包半导电自粘带。注意绕包表面应连续、光滑（如图1-13所示）。

（a）半导电自粘带

（b）绕包前

（c）绕包后

图1-13 绕包半导电自粘带

（9）量取孔深，加5mm剥切主绝缘层。注意勿伤及导电线芯（如图1-14所示）。

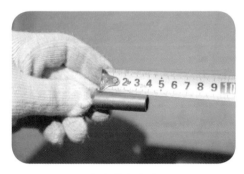
（a）量取孔深

（b）切割主绝缘层

图1-14 剥切主绝缘层（一）

（c）剥除主绝缘层

（d）清理切口

图1-14 剥切主绝缘层（二）

（10）打磨主绝缘层，清洁主绝缘层，均匀涂抹硅脂。切勿使清洁剂碰到半导电自粘带，不能用擦过接线端子的布擦拭绝缘，如图1-15所示。

（a）打磨主绝缘层

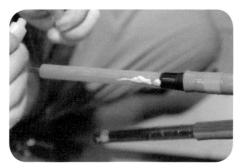

（b）涂抹硅脂

图1-15 打磨清洁主绝缘层，涂抹硅脂

（11）安装防雨裙，如图1-16所示。

（12）压接接线端子。测量好电缆固定位置和各相引线所需长度，装上接线端子，对称压接，每个端子压2道，压接后应除尖角、毛刺，并清洗干净，如图1-17所示。

（a）套入防雨裙

（b）抽出内撑塑料条

图1-16 安装防雨裙

（a）压接

（b）压接

（c）压接后的接线端子

（d）接线端子接口包绕填充胶

图1-17 压接接线端子

（13）密封端口（如图 1-18 所示）。分别在收缩后各相冷缩管和冷缩指套的端口处包绕半导体自粘带（既能使冷缩管外半导电层与电缆外半导电屏蔽层良好接触，又能起到轴向防水防潮的作用）。要以半叠包从接头一段起向另一端包绕，然后再反向包绕至起始端。每层包绕后，应用双手依次紧握，使之更好粘合。包绕时应拉力适当，做到包绕紧密无缝隙。

（14）测试。为保证制作电缆冷缩终端工艺质量，须进行绝缘电阻和直流耐压试验测试。

（a）包绕半导体自粘带

（b）套入冷缩密封管

（c）安装后的效果图

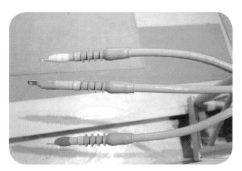

（d）密封后的三相端口

图1-18　密封端口操作流程

（15）电缆终端头制作完毕后需挂牌，牌上须标明电缆型号、电缆附件的生产厂家及生产日期、电缆终端头的制作日期，施工单位及制作人姓名，如图

1-19所示。

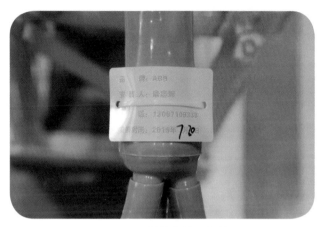

图1-19　制作完毕后挂牌

六、项目总结 Search

（1）剥切时切口应平整，绝缘表面干净、平滑、无残质。

（2）在铜屏蔽和绝缘交接处用半导电自粘带搭盖方式紧密绕包，且起点与终点都在铜带上。

（3）线鼻子处密封要良好。

（4）电缆吊装时绳索不要勒住应力管，避免应力管的损伤和错位。

（5）夹具避免夹住三指手套处。

项目二
10kV-XLPE 电力电缆热缩户内终端头制作

一、学习任务 Search

本项目主要介绍 10kV-XL PE 电力电缆热缩户内终端头制作工艺。通过学习，可熟练掌握电力电缆热缩户内终端头的制作，以及吊装的注意事项。

二、工器具及材料 Search

（1）工器具。电缆支架、钢锯、锯条、铁皮剪刀、裁纸刀、电缆刀、钢丝钳、尖嘴钳、钢尺、平锉、平口起子、燃气喷枪、常用电工工具、安全帽、标示牌、工具包、手套、安全围栏（如图 2-1 所示）。

（a）工器具　　　　　　　　　（b）电缆支架

图2-1　工器具

（2）材料：砂纸 120 号 /240 号、电缆清洁纸、电缆附件、端子（与电缆截面积相符）、自粘胶带（如图 2-2 所示）。

图2-2　材料

（3）设备：液压钳及模具（如图 2-3 所示）。

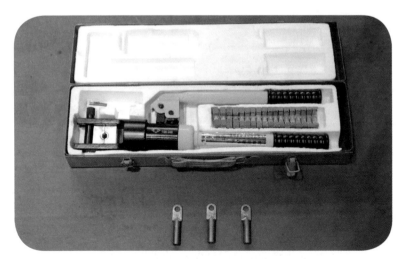

图2-3　液压钳及模具

三、安全注意事项 Search

（1）防使用燃气喷枪时烫伤。使用燃气喷枪时，喷嘴不准对着人体及设备；燃气喷枪使用完毕，放置在指定安全地点。

（2）防刀具伤人。用刀时刀口向外，不准对着人体。工作过程中，注意轻拿轻放。

四、制作前的准备工作 Search

（1）布置工作任务，交代安全注意事项，着装规范，选择器具，选择材料。

（2）了解所做电缆的运行情况。

（3）对所做电缆进行绝缘摇测，合格后方可制作。

（4）根据现场实际情况对所做电缆头的长度进行测量和比对。

（5）如是旧电缆要记住相序。

（6）电缆头在制作时要防潮，不应在雨天、雾天做电缆头；平均气温低于0℃时，电缆应预先加热。

（7）施工中要保证手和工具、材料的清洁。操作时不应做其他无关的事（特别不能抽烟）。

（8）所用电缆附件应预先试装，检查规格是否同电缆一致，各部件是否齐全，检查出厂日期，检查包装（密封性），防止剥切尺寸时发生错误。

五、户内终端头的制作 Search

（1）剥除外护套：剥除外护套时应根据电缆头附件的长度或设备需要的实际长度剥取。剥除时应做好标记，保证断口的光滑，如图2-4所示。

（2）去除钢铠，如图2-5所示。

图2-4 剥除外护套

图2-5 去除钢铠

（3）自断口处 75cm 用扎丝扎紧钢铠，这样既能做标记又能使钢铠锯开后不散乱。锯钢铠时应小心不要锯到里面的绝缘。自钢铠断口处 75px 剥除内护套，取出电缆内的填充物，如图 2-6 所示。

（a）切割内护套

（b）剥除内护套

（c）取出填充物

图2-6 剥除内护外套并取出填充物

（4）用 PVC 胶带把铜屏蔽包紧，如图 2-7 所示，把线芯分开，注意不要弄伤断口处电缆的绝缘，安装接地线，如图 2-8 所示。

图2-7　用pvc胶带把铜屏蔽包紧

（a）地线末端插入三芯电缆分叉处

（b）地线绕包铜屏蔽一周后引出

（c）用恒力弹簧将地线固定

图2-8　安装接地线

（5）用锉刀打磨钢铠，在铜屏蔽层安装地线处用砂纸打磨氧化层，如图2-9所示。

图2-9　打磨钢铠

（6）用填充胶包绕自外护套向下125mm处开始向三岔口处包绕，如图2-10所示。

（a）填充胶　　　　　　　　　　（b）用填充胶包绕三岔口

图2-10　用填充胶包绕连接处

（7）戴入分支手套，用喷枪进行热缩。热缩时应从一端开始慢慢加热，向热缩处缓慢推进。不能同时热缩两端，以防止空气排不出来，出现鼓泡、开裂。不能在三支手套处长时间烘烤，因为那是最脆弱的地方；靠近电缆外护套处要热缩好，以防潮气从此进入。剥除铜屏蔽层和外半导电层，如图2-11所示。

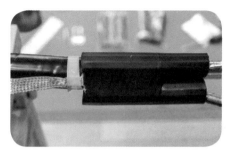
（a）戴入分支手套

（b）用喷枪进行热缩

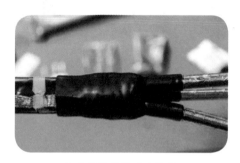
（c）热缩好的三支手套

图2-11　戴入分支手套，用喷枪热缩

（8）自分支手套上端部50mm处做好标记，如图2-12所示，然后剥除铜屏蔽层，如图2-13所示。要把屏蔽层里的色带在分支手套上用胶带做好记号，以防弄错。再自铜屏蔽层25mm处做好标记剥除外半导电层，如图2-14所示。注意剥铜屏蔽层时不要损伤外半导电层，注意剥外半导电层时不要损伤主绝缘。

图2-12　自分支手套50mm做标记

（a）剥除铜屏蔽层 　　　　　　　　（b）用胶带对色带做标记

图2-13　剥除铜屏蔽层

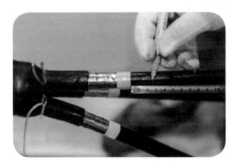

（a）量取铜屏蔽 25mm 处 　　　　　　　（b）做标记

（c）切割外半导电层 　　　　　　　　（d）剥除外半导电层

图2-14　剥除外半导体

（9）在外半导电层断口处应倒角，用砂布打磨主绝缘层表面，去除半导体粉尘，如图 2-15 所示。

（a）在外半导电层断口倒角

（b）外半导电层断口倒角状态

（c）砂布打磨

图2-15　打磨主绝缘表面

（10）清洁主绝缘层表面，用不掉毛的浸有清洁剂的细布或纸擦净主绝缘层表面的污物，清洁时只允许从绝缘端擦向半导电层，不允许反复擦，以免将半导电物质带到主绝缘层表面，如图2-16所示。

（a）电缆清洁纸

（b）清洁主绝缘层表面

图2-16　清洁主绝缘层表面

（11）安装应力管。

1）用硅脂均匀涂抹在线芯主绝缘及铜屏蔽与外半导电层的断口处，润滑界面，以便于安装，同时填充界面的气隙，消除电晕。

2）开始安装应力管，如图2-17所示。为尽量使屏蔽层断口处电场应力分

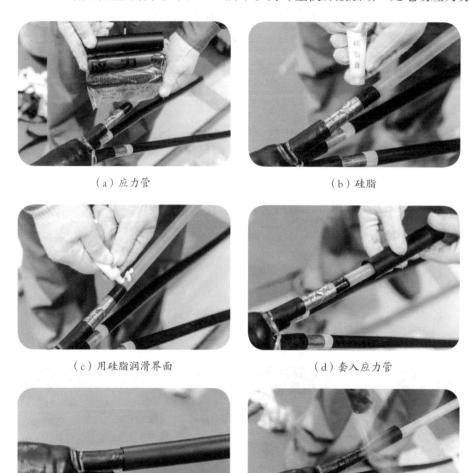

（a）应力管 　　　　　　　　　　　　（b）硅脂

（c）用硅脂润滑界面 　　　　　　　　（d）套入应力管

（e）应力管套入到与外半导电层相接 　　（f）热缩应力管

图2-17　安装应力管（一）

（g）安装应力管完成

图2-17　安装应力管（二）

散，应力管与铜屏蔽层的接触长度应不小于20mm，短了会使应力管的接触面不足，长了会使电场分散区（段）减小，电场分散不足。一般取20～25mm。

（12）安装绝缘管，如图2-18所示。

1）根据现场设备连接的实际位置确定各相电缆的长短。

2）套入热缩绝缘管，使管口带有密封胶的一端在分支手套处。

3）外绝缘管的固定。

4）割去多余绝缘管。

5）开始热缩，热缩时火力不宜过猛，火焰朝收缩方向缓慢推进，应从分支手套处向端部热缩。

（a）确定各相电缆的长短

（b）套入热缩绝缘管

图2-18　安装绝缘管流程图（一）

（c）对绝缘管开始热缩

（d）热缩分支手套处

（e）火焰朝收缩方向缓慢推进

图2-18 安装绝缘管流程图（二）

（13）安装接线端子，如图 2-19 所示。

1）测量好电缆固定位置和各相引线所需长度，测量接线端子压接线芯的长度，按量取接线端子的孔深加 5mm 剥去主绝缘层。

2）打磨并清洁线芯上的氧化层。

3）套入接线端子，使接线端子与设备连接的平面基本一致。

4）压接接线端子，装上接线端子，对称压接，每个端子压 2 道，压接后应锉除接线端子压接毛刺、棱角，并清洗干净。

（a）测量接线端子长度

（b）测量电缆长度

（c）剥去主绝缘层

（d）套入接线端子

（e）接线端子与设备连接平面一致

（f）压接接线端子

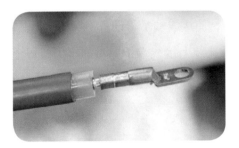

（g）压接后的接线端子

图2-19 安装接线端子流程图

（14）安装密封绝缘管及相色管，如图2-20所示。包绕填充胶，用酒精布擦拭主绝缘和线鼻子，在线鼻子与主绝缘断口处，用填充胶包绕整个线鼻子。在制作终端头时，可以不削成锥体。但是，如电缆绝缘端部与接线金具之间需包绕密封胶时，为保证密封效果，通常将绝缘端部削成锥体，以保证包绕的密封带与绝缘能很好的粘合。包绕时要以半叠包绕从接头一段起包向另一端，然后再反向包绕至起始端。每层包绕后，应用双手依次紧握，使之更好粘合。包绕时应拉力适当，做到包绕紧密无缝隙。

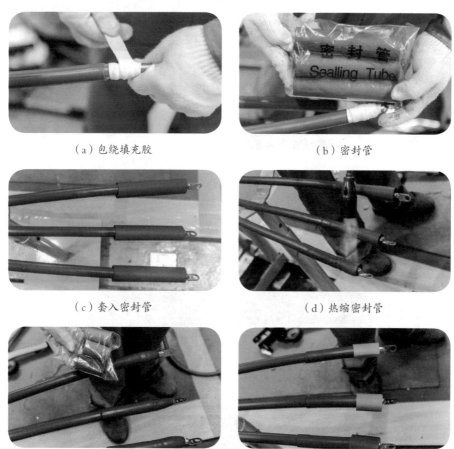

（a）包绕填充胶 　　　　　　　（b）密封管

（c）套入密封管 　　　　　　　（d）热缩密封管

（e）相色管 　　　　　　　（f）套入相色管

图2-20　安装密封绝缘管及相色管（一）

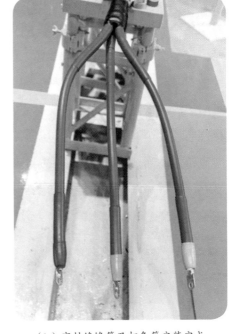

（g）热缩相色管　　　　　　（h）密封绝缘管及相色管安装完成

图2-20　安装密封绝缘管及相色管（二）

（15）电缆终端头制作完毕后需挂牌，牌上须标明电缆型号、电缆附件的生产厂家及生产日期、电缆头的制作日期，施工单位及制作人姓名，如图2-21所示。

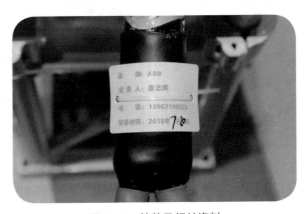

图2-21　挂牌及相关资料

六、项目总结 Search

（1）分置手套处的密封要做好。

（2）应力管处绝缘处理好。

（3）线鼻子处要密封良好。

（4）电缆吊装时绳索不应勒住应力管，避免应力管的损伤和错位。

（5）夹具避免夹住三指手套处。

项目三
10kV-XLPE 电力电缆热缩中间接头制作及试验

一、学习任务

本项目主要介绍 10kV-XLPE 电力电缆热缩中间接头制作及试验的工艺流程和要求，通过学习，掌握 10kV-XLPE 电力电缆热缩中间接头制作及试验的技能和注意事项，熟悉 10kV-XLPE 电力电缆热缩中间接头制作及试验的整个作业流程。

二、工器具及材料

（1）工器具：标识牌、安全围栏、电缆支架、钢锯、锯条、铁皮剪刀、裁纸刀、电缆刀、平锉、电工个人组合工具、燃气喷枪、灭火器。

（2）材料：120 号 /240 号砂纸、电缆清洁纸、电缆附件、自粘胶带、导体连接管（与电缆截面积相符）、PVC 胶带、硅脂（如图 3-1 所示）。

（a）工器具

图3-1　工器具及材料（一）

（b）材料 　　　　　　　　　　　　（c）灭火器

图3-1　工器具及材料（二）

三、安全要求 Search

（1）预防使用燃气喷枪时烫伤。使用燃气喷枪时，喷嘴不准对着人体及设备。燃气喷枪使用完毕，放置在安全地点，冷却后装运，如图 3-2 所示。

图3-2　正确使用燃气喷枪

（2）预防刀具伤人。用刀时刀口向外，不准对着人体。工作过程中，注意轻接轻放，如图 3-3 所示。

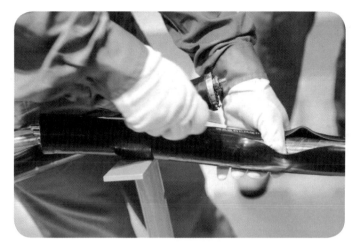

图3-3 正确使用刀具

（3）电缆试验工作由两人进行，一人操作，一人监护。需持工作票、施工作业票并得到许可后方可开工，如图3-4所示。

图3-4 规范进行电缆试验

（4）电缆耐压试验前，加压端应做好安全措施，防止人员误入试验场所；另一端应设置安全围栏并挂上标识牌，必要时派人看守，如图3-5所示。

图3-5　工作场所安全设置

（5）电缆耐压试验前后，应对被试品充分放电，如图 3-6 所示。

图3-6　被试品充分放电

（6）试验更换引线时，应对被试品充分放电，作业人员应戴好绝缘手套，并站在绝缘垫上，如图 3-7 所示。

图3-7　正确放电操作图

四、实操步骤

（1）准备工作：着装规范、选择工具以及材料、办理工作许可手续。

（2）具体操作步骤如下。

1）校直电缆：将电缆校直，如图3-8所示，两端重叠200～300mm确定接头中心后，在中心处锯断，如图3-9所示，注意清洁电缆两端外护套各2m，如图3-10所示。

图3-8　校直电缆

图3-9　测量重叠动作

图3-10　清洁外护套

2）剥除外护套及钢铠。按电缆附件所示尺寸剥除外护套，自外护套切口处保留25mm（去漆），用铜绑线绑扎固定后将其余剥除。注意切割深度不得超铠装厚度的2/3，切口应平齐，不应有尖角、锐边，切割时勿伤内层结构，如图3-11、图3-12所示。

（a）测量剥除外护套长度

（b）切割外护套

（c）剥除外护套

图3-11　剥除外护套

（a）测量剥除外护套钢铠长度

（b）铜绑线绑扎固定

图3-12　剥除钢铠（一）

（c）切割钢铠   （d）剥除钢铠

图3-12　剥除钢铠（二）

3）剥除内衬套。自铠装切口处保留 30mm 内护套，如图 3-13 所示，其余剥除，如图 3-14 所示，去除填充物。注意不得伤及铜屏蔽层，并用临时保护绝缘带对电缆断口处做临时保护，如图 3-15 所示。

图3-13　内护套保留30mm

（a）切割内衬套   （b）切开内衬套

图3-14　剥除内衬套（一）

（c）剥除内衬套

图3-14 剥除内衬套（二）

（a）去除填充物（1）

（b）去除填充物（2）

（c）电缆断口

（d）对电缆断口临时保护

图3-15 去除填充物及对电缆断口进行临时保护

4）剥除铜屏蔽层。先自电缆两侧端口处至电缆 200mm 处做标记（如图 3-16 所示），并用临时绝缘保护绝缘带包裹做临时保护，再用电工刀剥除铜屏蔽层（如图 3-17 所示）。注意切口应齐平，不得留有尖角。

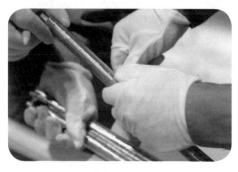

（a）做标记　　　　　　　　　　　（b）量测做标记长度

图3-16　电缆两侧端口至电缆200mm处标记

（a）电工刀切割铜屏蔽层　　　　　　　（b）剥除铜屏蔽层

图3-17　剥除铜屏蔽层

5）剥除外半导电层。用电工刀剥除电缆两侧端口处至电缆 150mm 处的外半导电层，并用绝缘砂纸打磨电缆外半导电层，以清除吸附在外半导电层表面的半导电粉末。注意切口应齐平，不得留有痕迹，切勿伤及主绝缘层（如图 3-18 所示）。

（a）量取长度做好标记　　　　　　（b）用电工刀切割

（c）剥除外半导电层　　　　　　　（d）切口齐平

图3-18　剥除外半导电层

6）固定应力控制管。注意位置正确，在应力管前端绕包防水密封胶，注意绕包表面应连续、光滑（如图3-19所示）。

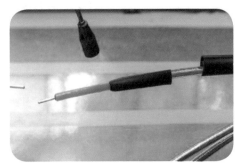

（a）应力控制管　　　　　　　（b）热缩应力控制管

图3-19　固定应力控制管

7）剥除主绝缘层。剥除主绝缘长度为从电缆中间头端部量取 1/2 中间连接管长度加 5mm，注意不得伤及线芯（如图 3-20 所示）。

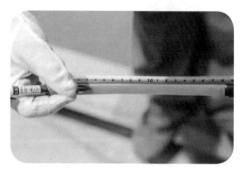

（a）量取剥除主绝缘长度　　　　　　　（b）做标记

（c）剥切

图 3-20　剥切主绝缘层

8）切削反应力锥。自主绝缘断口处量 40mm，削成 35mm 锥体，留 5mm 内半导电层。注意锥体要圆整（如图 3-21 所示）。

9）对两段电缆做绝缘电阻试验（参照本书项目十运行中的电缆停电遥测绝缘电阻）。

10）套入连接管材。先将屏蔽铜网套入外护套剥除较短的电缆上、热缩中间接头管（复合管和密封护套管）套入外护套剥除较长的电缆上，并用砂纸打磨两端电缆导体，去除表面氧化层，清理表面后套入连接管材，确保两端导体在连接管内接触（如图 3-22 所示）。

（a）切削　　　　　　　　　　　　（b）反应力锥

图3-21　切削反应力锥

（a）套入热缩中间接头管　　　　　　　（b）套入连接管材

图3-22　套入连接管材

11）压接连接管。对称压接，压接后应去除尖角、毛刺，并清洗干净（如图 3-23 所示）。

（a）对称压接　　　　　　　　　　（b）去除尖角、毛刺

图3-23　压接连接管（一）

（c）清洁

图3-23　压接连接管（二）

12）清洁绝缘层表面。用清洁试纸清洁电缆绝缘层表面，如主绝缘层表面有划伤、凹坑或残留半导体颗粒，可用砂纸打磨。待清洁剂挥发后，在两侧绝缘电缆头绝缘层表面均匀涂抹一层硅脂（如图 3-24 所示）。

（a）清洁试纸

（b）砂纸打磨

（c）均匀涂抹硅脂

图3-24　清洁绝缘层表面

13）连接管表面绕包半导电带，注意绕包表面应连续、光滑（如图3-25所示）。

（a）半导电带　　　　　　　　　　　　（b）半导电带绕包完成

图3-25　绕包半导电带

14）连接管表面绕包普通填充胶，注意绕包表面应连续、光滑（如图3-26所示）。

 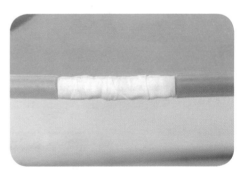

（a）绕包填充胶　　　　　　　　　　　（b）绕包后表面连续、光滑

图3-26　绕包普通填充胶

15）固定复合管。复合管在两端应力控制管之间对称安装，并由中间开始加热收缩固定。注意火焰朝收缩方向，加热收缩时火焰应不断旋转、移动（如图3-27所示）。

（a）均匀涂抹硅脂　　　　　　　　　　（b）加热收缩固定

图3-27　固定复合管

16）在复合管两端的台阶处绕包防水密封胶，注意绕包表面应连续、光滑（如图 3-28 所示）。

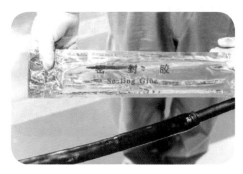

（a）防水密封胶　　　　　　　　　　　（b）绕包密封胶

图3-28　绕包防水密封胶

17）在防水密封胶上绕包半导电胶带，注意绕包表面应连续、光滑（如图 3-29 所示）。

18）安装屏蔽铜网。用铜扎丝将屏蔽铜网一端扎紧在电缆铜屏蔽层上，沿接头方向拉伸收紧铜网，使其紧贴在绝缘管上至电缆接头另一端铜屏蔽层，用铜扎丝扎紧后翻转铜网并拉回原端扎牢，最后在两端扎丝处将铜网和屏蔽层焊牢。注意扎丝不少于 2 道，焊面不小于圆周的 1/3，焊点及扎丝应处理平整，不应留有尖角、毛刺（如图3-30所示）。

（a）半导电胶带　　　　　　　　（b）绕包半导电胶带

图3-29　绕包半导电胶带

（a）绕包屏蔽铜网　　　　　　　　（b）用胶带固定

（c）绕包一相　　　　　　（d）用PVC胶带将三芯电缆紧密绑扎

图3-30　安装屏蔽铜网（一）

（e）接地线　　　　　　　　　　（f）安装地线

图3-30　安装屏蔽铜网（二）

19）固定密封护套管。将密封护套管套至接头中间，从中间向两端加热收缩。注意密封处应预先打磨（如图 3-31 所示）。

 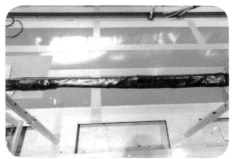

（a）套入密封护套管　　　　　　　（b）加热固定密封护套管

图3-31　固定密封护套管

20）电缆绝缘试验及电缆耐压试验（参照本书项目十运行中的电缆停电摇测绝缘电阻及项目十二 10kV 电力电缆直流耐压及泄漏电流试验）。

项目四

10kV-XLPE 电力电缆冷缩中间接头制作及试验

一、学习任务

本项目主要介绍 10kV-XLPE 电力电缆冷缩中间接头制作及试验的工艺流程和要求。通过学习，掌握 10kV-XLPE 电力电缆冷缩中间接头制作及试验的技能和注意事项，熟悉 10kV-XLPE 电力电缆冷缩中间接头制作及试验的整个作业流程。

二、工器具及材料

（1）工器具：标识牌、安全围栏、电缆支架、钢锯、锯条、铁皮剪刀、裁纸刀、电缆刀、平锉、电工个人组合工具。

（2）材料：120 号 / 240 号砂纸、电缆清洁纸、电缆附件（备 3 套中间头，不同规格各一套）、自粘套。导体连接管（与电缆截面积相符）、PVC 胶带、防水带、装甲带、10kV 电缆一段（如图 4-1 所示）。

（a）工器具

图4-1　工器具及材料（一）

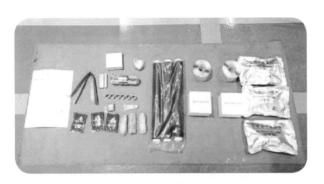

（b）材料

图4-1 工器具及材料（二）

三、安全要求 Search

（1）防刀具伤人。用刀时刀口向外，不准对着人体。工作过程中，注意轻接轻放（如图 4-2 所示）。

图4-2 正确使用刀具

（2）电缆试验工作由两人进行，一人操作，一人监护。需持工作票、施工作业票并得到许可后方可开工（如图 4-3 所示）。

图4-3　规范进行电缆试验

（3）电缆耐压试验前，加压端应做好安全措施，防止人员误入试验场所；另一端应设置安全围栏并挂上标识牌，必要时派人看守（如图 4-4 所示）。

图4-4　工作场所安全设置

（4）电缆耐压试验前后，应对被试品充分放电（如图 4-5 所示）。

（5）试验更换引线时，应对被试品充分放电，作业人员应戴绝缘手套，并站在绝缘垫上（如图 4-6 所示）。

图4-5　被试品充分放电

图4-6　正确放电操作图

四、实操步骤 Search

（1）准备工作：着装规范、选择工具、选择材料、办理工作许可手续。

（2）校直电缆：将电缆校直（如图 4-7 所示），两端重叠 200～300mm 确定接头中心后，在中心处锯断（如图 4-8 所示）。注意清洁电缆两端外护套各 2m（如图 4-9 所示）。

图4-7　校直电缆

图4-8　测量重叠动作

图4-9　清洁外护套

（3）剥除外护套及钢铠。按电缆附件所示尺寸剥除外护套，自外护套切口处保留 25mm（去漆），用铜绑线绑扎固定后将其余剥除。注意切割深度不得超过铠装厚度的 2/3，切口应平齐，不应有尖角、锐边，切割时勿伤内层结构（如图 4-10、图 4-11 所示）。

（a）量取剥除外护套长度

（b）切割外护套

（c）剥除外护套

图4-10 剥除外护套

（a）量取剥除钢铠长度

（b）铜绑线绑扎固定

图4-11 剥除钢铠（一）

（c）切割钢铠　　　　　　　　　　　（d）剥除钢铠

图4-11　剥除钢铠（二）

（4）剥除内衬套。自铠装切口处保留 30mm 内护套（如图 4-12 所示）。其余剥除（如图 4-13 所示）。去除填充物。注意不得伤及铜屏蔽层，并用临时保护绝缘带对电缆断口处做临时保护（如图 4-14 所示）。

图4-12　内衬套保留30mm

（a）切割内衬套　　　　　　　　　　　（b）切开内衬套

图4-13　剥除内衬套（一）

（c）剥除内衬套

图4-13 剥除内衬套（二）

（a）去除填充物（1）

（b）去除填充物（2）

（c）电缆断口

（d）临时保护

图4-14 去除填充物并对电缆断口进行临时保护

（5）剥除铜屏蔽层。先自电缆两侧端口处至电缆 200mm 处做标记，并用临时绝缘保护绝缘带做包裹做临时保护（如图 4-15 所示），再用电工刀剥除铜屏蔽层（如图4-16所示）。注意切口应齐平，不得留有尖角。

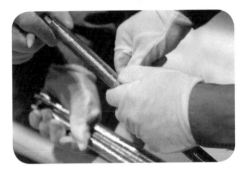

（a）做标记　　　　　　　　　　（b）量测做标记长度

图4-15　电缆两侧端口处至电缆200mm处做标记并做临时保护

（a）电工刀切割铜屏蔽层　　　　　（b）剥除铜屏蔽层

图4-16　剥除铜屏蔽层

（6）剥除外半导电层。用电工刀剥除电缆两侧端口处至电缆150mm处的外半导电层，并用绝缘砂纸打磨电缆外半导电层，以清除吸附在外半导电层表面的半导电粉末。注意切口应齐平，不得留有痕迹，切勿伤及主绝缘层（如图4-17所示）。

（a）量取长度做好标记

（b）用电工刀切割

（c）剥除外半导电层

（d）切口齐平

图4-17　剥除外半导电层

（7）剥除主绝缘层。剥除主绝缘长度为从电缆中间头端部量取 1/2 中间连接管长度加 5mm，注意不得伤及线芯（如图 4-18 所示）。

（a）量取剥除主绝缘长度

（b）做标记

图4-18　剥除主绝缘层（一）

（c）剥切

图4-18　剥除主绝缘层（二）

（8）切削反应力锥。自主绝缘断口处量40mm，削成35mm锥体，留5mm内半导电层。注意锥体要圆整，如图4-19所示。

（a）切削

（b）反应力锥

图4-19　切削反应力锥

（9）对两段电缆做绝缘电阻试验（参照本书项目十运行中的电缆停电摇测绝缘电阻进行。

（10）套入连接管材。先将屏蔽铜网套入外护套剥除较短的电缆上、冷缩中间接头管套入外护套剥除较长的电缆上，并用砂纸打磨两端电缆导体，去除表面氧化层，清理表面后套入连接管材，确保两端导体在连接管内接触，如图4-20所示。

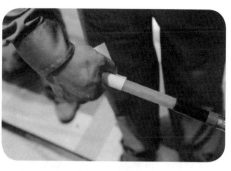

（a）清理表面

（b）套入屏蔽铜网

（c）套入冷缩中间接头管

（d）套入连接管材

图4-20　套入连接管材

（11）压接连接管。对称压接，压接后应去除尖角、毛刺，并清洗干净
（如图 4-21 所示）。

（a）对称压接

（b）去除尖角、毛刺

图4-21　压接连接管

（12）清洁绝缘层表面。用清洁试纸清洁电缆绝缘层表面，如主绝缘层表面有划伤、凹坑或残留半导体颗粒，可用砂纸打磨。待清洁剂挥发后，在两侧绝缘电缆头绝缘层表面均匀涂抹一层硅脂（如图4-22所示）。

（a）清洁试纸　　　　　　　　　　（b）砂纸打磨

图4-22　清洁绝缘层表面

（13）连接管表面绕包半导电带，注意绕包表面应连续、光滑（如图4-23所示）。

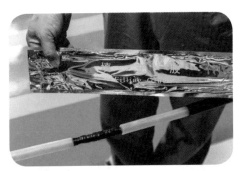

（a）半导电带　　　　　　　　　　（b）半导电带绕包完成

图4-23　绕包半导电带

（14）连接管表面绕包普通填充胶，注意绕包表面应连续、光滑（如图4-24所示）。

（15）安装冷缩中间接头管。用PVC胶带做好定位标记后，将冷缩接头对准定位标记，逆时针抽出塑料衬管条，接头收缩固定。冷缩接头固定好后，

（a）填充胶

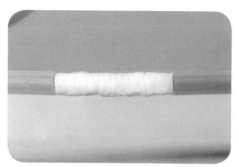

（b）绕包后表面连续、光滑

图4-24 绕包普通填充胶

清除挤出的硅脂，冷缩中间接头两端用绝缘胶带密封，再加防水带，PVC 带，如图 4-25 所示。

（a）定位标记

（b）接头收缩固定

（c）接头两端用绝缘胶带密封

图4-25 安装冷缩中间接头管

（16）安装屏蔽铜网。沿接头方向拉伸收紧铜网，使其紧贴在接头两端的铜屏蔽层上，中间用 PVC 胶带固定 3 处，两端用恒力弹簧固定；并用 PVC 胶带将三芯电缆紧密绑扎，两端内护套包防水带，注意防水带涂胶黏剂的一面朝外，如图 4-26 所示。

（a）绕包屏蔽铜网

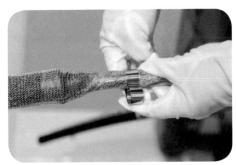
（b）用恒力弹簧固定两端

（c）用 PVC 胶带绑扎

（d）两端内护套包防水带

图4-26　安装屏蔽铜网

（17）安装铠装接地编织线。用恒力弹簧将铜编织带固定在两端钢铠上，并用 PVC 带在恒力弹簧上包绕两层（如图 4-27 所示）。

（18）安装防水带及铠装带。需要包绕防水带的部位用砂纸打磨粗糙，然后再拉防水带，与两端外护套搭接 60mm；戴上乳胶手套，拿出铠装带后迅速开始包绕，从电缆外护套 100mm 处半搭包方式绕至电缆另一端 100mm 处，铠

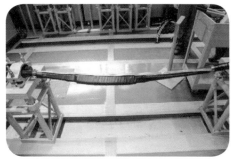

（a）用恒力弹簧固定铜编织带　　　　　　（b）将铜编织带固定在两端钢铠上

（c）用 PVC 带在恒力弹簧上包绕两层

图4-27　安装铠装接地编织线

装微端用相色带固定，完成包绕后静置 30min，等待铠装带固化（如图 4-28 所示）。

（a）绕包防水带　　　　　　　　　　　（b）绕包防水带

图4-28　安装防水带及铠装带（一）

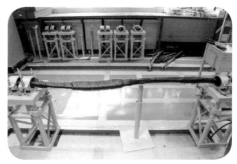

（c）带上乳胶手套　　　　　　　　　　　　（d）静置

图4-28　安装防水带及铠装带（二）

（19）安装防爆盒。

（20）电缆绝缘试验及电缆耐压试验（参照本书项目十运行中的电缆停电摇测绝缘电阻及项目十二 10kV 电力电缆直流耐压及泄漏电流试验）。

项目五
硅橡胶插入式 T 型电缆头制作

一、学习任务 Search

本项目主要介绍硅橡胶插入式 T 型电缆头制作的相关内容。通过学习硅橡胶插入式 T 型电缆头制作的操作方法与安全注意事项，熟悉硅橡胶插入式 T 型电缆头制作原理。

二、工器具及材料、设备 Search

（1）工器具：电缆支架、常用电工工具、安全帽、安全带、标示牌、工具包、手套钢锯、锯条、铁皮剪子、裁纸刀、电缆刀、钢丝钳、尖嘴钳、钢尺、锉刀、平口起子（如图 5-1 所示）。

（a）电缆支架

（b）工器具

图5-1 工具器

（2）材料：端子（与电缆截面积相符）、电缆附件、120 号砂纸、240 号砂纸、电缆清洁纸、自粘胶带、PVC 胶带、硅脂。

（3）设备：液压钳及模具（如图 5-2 所示）。

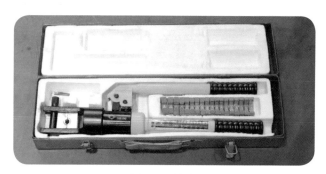

图5-2　设备

三、安全要求

防刀具伤人。用刀时刀口向外，不准对着人体。工作过程中，注意轻接轻放。

四、实操步骤

（一）准备工作

（1）交代工作任务及安全注意事项，着装规范（如图 5-3 所示）。

（a）交代工作任务及安全注意事项

（b）着装规范

图5-3　规范着装、安全设置

（2）选择工器具。

（3）选择材料。

（二）制作过程

剥外护套钢铠及内衬层→固定钢铠接地线→塞填充胶→安装冷缩三指套及冷缩管→端子压接→密封端口。

（1）根据开关柜高度尺寸剥去电缆外护套，一般为650～1200mm，根据实际情况决定，如图5-4所示。

（a）量取剥除外护套长度

（b）切割外护套

（c）剥除外护套

图5-4 剥除外护套

（2）用恒力弹簧固定钢铠，保留25mm的钢铠用于接地，其余剥除（如图5-5所示）。

（a）切割钢铠

（b）剥除钢铠

（c）保证切口整齐

图5-5　固定钢铠及剥除其余

（3）剥除内护套，其中内护套留 10mm，以免钢铠划破铜屏蔽层；下刀时，刀口尽量斜着往外切，防止划伤铜屏蔽层（如图 5-6 所示）。

（a）量取剥除内护套长度

（b）切割内护套

图5-6　剥除内护套（一）

（c）剥除内护套

图5-6　剥除内护套（二）

（4）清除填料。

（5）用 PVC 带缠绕铜屏蔽层顶端，防止铜屏蔽层散开（如图 5-7 所示）。

图5-7　用PVC带缠绕铜屏蔽层顶端

（6）用砂纸打磨钢铠和铜屏蔽层，去除表面氧化层（如图 5-8 所示）。

（7）把地线末端插入三芯电缆分叉处，将地线绕包三相铜屏蔽一周后引出，用恒力弹簧将地线固定在钢铠上（如图 5-9 所示）。

（a）砂纸打磨钢铠

（b）砂纸打磨钢铠

图5-8　砂纸打磨钢铠

（a）地线末端插入三芯电缆分叉处

（b）地线绕包铜屏蔽一周后引出

（c）用恒力弹簧将地线固定

图5-9　固定地线到铜屏蔽及钢铠的操作过程

（8）在恒力弹簧上面缠绕两层 PVC 胶带，防止弹簧松脱（如图 5-10 所示）。

（a）在恒力弹簧上缠绕 PVC 胶带　　　　（b）恒力弹簧缠绕两层 PVC 胶带

图5-10　在恒力弹簧上缠绕PVC胶带

（9）用填充胶将电缆三叉口位于两个恒力弹簧间的空隙填实（如图 5-11 所示）。

（a）填充胶　　　　　　　　　　（b）绕包填充胶

（c）填充胶填实空隙

图5-11　填充胶填实空隙

（10）在填充胶上缠绕一层PVC胶带，注意避免缠到密封胶上。

（11）把冷缩三指套、冷缩管依次套入电缆，逆时针抽掉塑料支撑条，使其自然收缩，注意冷缩管的抽拉方向（如图5-12所示）。

（a）将冷缩三指套套入电缆

（b）套入冷缩三指套

（c）抽出塑料支撑条

（d）冷缩三指套自然收缩

（e）冷缩管

（f）将冷缩管套入电缆

图5-12　依次套入冷缩三指套、冷缩管（一）

（g）抽出塑料支撑条

（h）冷缩管自然收缩

（i）套入冷缩三指套、冷缩管完成

图5-12 依次套入冷缩三指套、冷缩管（二）

（12）如果安装的是热缩附件产品，则只需将冷缩三指套与冷缩护套管换成热缩三指套与热缩护套管，然后用喷枪均匀加热，使其收缩，其余步骤与冷缩附件插头安装的方法一样。

（13）根据产品安装要求剥去冷缩带，向上留取 10mm 铜屏蔽层，其余去除（如图 5-13 所示）。

（14）根据标尺去除半导电层，留取 30mm，其余剥除；去除半导电层时，用刀片沿电缆轻轻环切一圈，再将刀尖斜放轻轻划过半导电层表面，不能切透避免划伤绝缘层（如图 5-14 所示）。

（a）量取去除铜屏蔽层长度

（b）做标记

（c）缠绕胶带

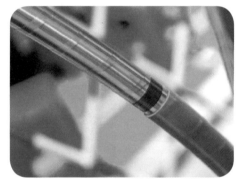

（d）用胶带定位

（e）剥除铜屏蔽层

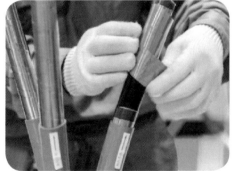

（f）剥除铜屏蔽

图5-13　去除铜屏蔽

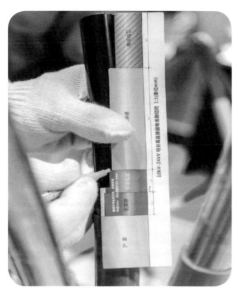

（a）量取去除半导电层长度

（b）环切半导电层表面

（c）划开半导电层表面

（d）去除半导电层完成

图5-14　去除半导电层

（15）用标尺在电缆顶部量取55mm的绝缘层，用绝缘刀切除绝缘层，露出线芯，线芯顶部缠绕一层PVC胶带（如图5-15所示）。

（16）电缆绝缘断口处倒3mm，45°斜角，撕掉绿色绝缘胶带，用刀背将铜屏蔽层断口处的尖角、突起压平，按照工艺的要求包绕半导电带形成台阶，包绕长度为40mm（如图5-16所示）。

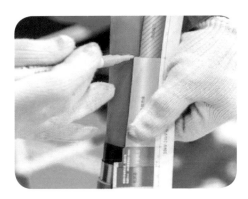

（a）用标尺量取切除绝缘层长度

（b）绝缘刀环切绝缘层

（c）绝缘刀切开绝缘层

（d）缠绕PVC胶带

图5-15　切除绝缘层并绕胶带

（a）电缆绝缘断口处倒角

（b）电缆绝缘断口处倒角完成

图5-16　削倒角并包绕半导电带（一）

（c）量取包绕半导电带长度

（d）半导电带

（e）包绕半导电带形成台阶

图5-16　削倒角并包绕半导电带（二）

（17）用产品配套的 600 号专用砂纸打磨去除绝缘层上的刀痕与导电颗粒，注意打磨绝缘层时砂纸不可打磨到半导电层（如图 5-17 所示）。

（a）用砂纸打磨绝缘层

（b）仅打磨绝缘层

图5-17　打磨绝缘层

（18）清洁电缆绝缘层表面，清洁的方向应从电缆绝缘层顶部往半导电层方向擦拭，不能来回擦拭，防止将半导颗粒带到绝缘层（如图5-18所示）。

（a）电缆清洁纸

（b）清洁电缆绝缘层表面

图5-18　清洁电缆绝缘层

（19）将硅脂膏均匀涂抹在芯绝缘表面和应力锥内表面（如图5-19所示）。

（a）硅脂膏

（b）将硅脂膏涂抹在芯绝缘表面

（c）将硅脂膏涂抹均匀

（d）将硅脂膏涂抹在应力锥内表面

图5-19　涂抹硅脂膏

（20）按安装尺寸将应力锥套入电缆，复核尺寸是否满足工艺要求（如图 5-20 所示）。

（a）将应力锥套入电缆   （b）将应力锥套入电缆完成

图5-20　将应力锥套入电缆

（21）去除电缆线芯顶部的 PVC 胶带，套入铜端子，用与电缆规格相对应的压钳，按由上往下的顺序压接铜端子，去除表面毛刺（如图 5-21 所示）。

（a）套入铜端子   （b）压钳压接铜端子

（c）压钳压接铜端子   （d）压接完成

图5-21　套入铜端子并压接

（22）先用清洁纸依次清洁应力锥和铜端子表面，往应力锥外表面均匀涂上硅脂（如图5-22所示）。

（a）用清洁纸清洁铜端子表面

（b）应力锥外表面涂上硅脂

（c）涂抹均匀

图5-22　清洁应力锥和铜端子并涂抹硅指

（23）在护套内表面均匀抹上硅脂，然后将护套推入电缆的应力锥上，直到应力锥的定位台阶（如图5-23所示）。

（24）终端头制作完毕后需挂牌，牌上须标明电缆型号、电缆附件的生产厂家及生产日期，电缆头的制作日期，施工单位及制作人姓名（如图5-24所示）。

（a）在护套内表面均匀抹上硅脂

（b）将护套推入电缆

（c）将护套推入电缆的应力锥

（d）将护套推到应力锥

（e）将护套推到应力锥的定位台阶

（f）将护套推到定位台阶

图5-23　将护套推入应力锥操作流程图（一）

（g）将护套推入应力锥操作完成

图5-23　将护套推入应力锥操作流程图（二）

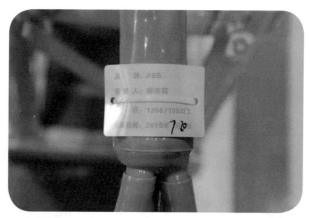

图5-24　挂牌及标注相关信息

五、注意事项 Search

安全文明生产，工作服、工作鞋、安全帽等穿戴规范。

（1）正确使用工器具，摆放整齐。

（2）剥切尺寸应正确。

（3）剥切上一层不得伤及下一层。

（4）绝缘表面处理应干净、光滑。

（5）端子压接后除尖角、毛刺。

（6）应力锥安装位置正确。

（7）钢铠接地与铜屏蔽接地之间有绝缘要求。

（8）T 型插头装配正确。

项目六

110kV 单芯电力电缆导体压接连接工艺操作

一、学习任务 Search

本项目主要介绍 110kV 单芯电力电缆导体压接连接工艺操作方法。通过学习，掌握 110kV 单芯电力电缆导体压接连接的操作方法和安全注意事项，熟悉 110kV 单芯电力电缆导体压接连接的原理及工艺要求。

二、工器具及材料 Search

（1）工器具：液压机（100T，含压接模具）、与电缆同截面的连接管或接线端子、钢直尺（1000、300、100mm）、液化气罐（含减压阀）、液化气喷枪、防毒口罩、电工刀、平口起子、记号笔（白、黑）、钢丝刷、钢锯、鲤鱼钳、医用剪刀（斜口）、电缆绝缘剥切刀、平锉刀、游标卡尺、干粉灭火器、垃圾桶。

（2）材料：交联聚乙烯电缆（2m×2）、不起毛白布条、玻璃片（150mm×50mm×2mm）、PVC绝缘相色带、硬脂酸、锯条（粗齿、细齿）、美工刀片（如图 6-1 所示）。

（a）工器具

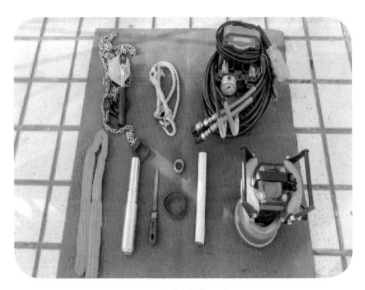

（b）材料

图6-1　工器具及材料

三、安全要求 🔍Search

（1）施工区域设置安全围栏（如图 6-2 所示）。

图6-2　施工区域安全设置

（2）作业人员穿全棉长袖工作服、绝缘鞋，佩戴安全帽、手套（如图 6-3 所示）。

图6-3　作业人员着装

（3）正确操作使用液压机（如图 6-4 所示）。

（a）含压接模具   （b）液压机

图6-4   正确操作液压机

（4）动火作业严格按照安全工作规程执行，动火现场注意通风。

四、实操步骤 Search

（1）绝缘剥切和导体表面处理。压接前，按接线端子孔深 $L+5mm$ 或 1/2 连接管 $L+5mm$ 长度剥切电缆至导体部分（如图 6-5 所示），保留 5mm 导体屏蔽层，用砂纸清除导体表面的油污或氧化层（如图 6-6 所示）。

图6-5   导体表面处理

图6-6　清除导体表面异物

（2）套入接线端子或终端出线端子。电缆导体端部经圆整处理后套入接线端子或终端出线端子，套入前根据接线端子或终端出线端子长度及压模宽度做好标记，要求套入充分、到位（如图6-7所示）。

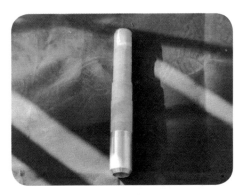

（a）终端出线端子

（b）连接管套入充分、到位

图6-7　套入终端出线端子

（3）导体压接。采用围压法套入压模至标记处，终端头按照由上至下、中间接头按照由中间向两边方向压接，在压接部位，围压的成形边或者坑压中心线应各自同在一个平面上，压模合拢到位后应保持10~15s，使压接部位金属塑性变形达到基本稳定后，才能消除压力（如图6-8所示）。

（4）表面处理。压接后，使用平锉将压接部位表面的毛刺清除，表面应光滑，不得有裂纹或者毛刺，边缘处不得有尖端（如图 6-9 所示）。

（a）压接钳装压接机

（b）压接钳与液压机连接

（c）套入压模

（d）套入压模至标记处

（e）采用围压法压接

（f）开始压接

图6-8 导体压接（一）

（g）压模合拢到位

图6-8　导体压接（二）

（a）用平锉处理压接部位

（b）用平锉清除毛刺

图6-9　表面处理

（5）操作完毕，清理现场，清点工器具、材料无误后，汇报完工（如图6-10所示）。

图6-10　清理现场清点工具

项目七

110kV 电力电缆剥切

一、学习任务 Search

本项目主要介绍 110kV 电力电缆剥切。通过学习，掌握电缆非金属护套的剥切、电缆金属护套的剥切、电缆反应力锥的制作、电缆绝缘屏蔽层的处理、电缆绝缘表面处理，熟悉各工器具的使用方法及施工的安全要求。

二、工器具及材料 Search

（1）工器具：一对扳手、钢尺、卷尺、电锯、电工刀、玻璃、金刚钻玻璃刀、平口起子、手动锯弓、液化气喷枪一套、液化气罐、不起毛白布、钢丝刷、鲤鱼钳、锉刀、吊带、手扳葫芦、手锤、扁口剪刀、110kV 电缆剥削器、打磨机、游标卡尺、防护眼罩、口罩、吸尘器。

（2）材料：240、320、400、600 号砂纸、电缆清洁纸、乙醇、硬脂酸、保鲜膜、PVC 胶带（如图 7-1 所示）。

图7-1　工器具及材料

三、安全要求 Search

（1）穿戴整洁，符合安全规范要求，施工过程中施工人员不得脱下安全帽。

（2）施工场地周围设置安全围栏。

（3）工器具和材料有序摆放。

（4）严格按照电缆附件提供的尺寸图安装。

（5）使用手锯、电锯、电工刀、玻璃片时要注意不要伤及自己和他人。

（6）电缆的金属护套断口处非常锋利尖锐（如图7-2所示），施工时要注意不要伤及自己和他人。

图7-2　锋利的电缆金属护套断口

（7）打磨时注意戴好防护眼罩和口罩，防止交联聚乙烯碎屑进入眼睛，避免吸入交联聚乙烯碎屑（如图 7-3 所示）。

图7-3　戴好防护眼罩和口罩打磨

（8）电缆剥切下来的材料应及时收集并分类进行摆放及处理。

四、操作步骤 Search

（1）安装环境。温度宜控制在 0 ～ 35℃，当温度超出允许范围，应采取适当措施；相对湿度控制在 70% 以下；无尘环境（如图 7-4 所示）。

图7-4　安装环境

（2）工作前准备。穿好工作服，戴好安全帽，摆好安全围栏，检查安装的工器具是否齐全、完好；各材料准备是否齐全；认真阅读安装说明书，看清尺寸要求。检查电缆长度，确保有足够的长度，弄清洗电缆；检查断口是否平整，若不平整，需用电锯将其锯平整（如图7-5所示）。

（a）认真阅读安装说明书

（b）清洗电缆

（c）用电锯将断口锯平整

（d）断口平整

图7-5　工作前准备

（3）去除石墨层。以安装尺寸规定的外护套断口为中心，根据图纸规定标记好尺寸后用玻璃片去除石墨层。使用玻璃片时用力要均匀，注意不要划伤手，石墨层需去除干净（如图7-6所示）。

（4）剥切外护套。在规定的安装尺寸处用PVC胶带做好记号，用电工刀或手锯环切外护套，利用喷枪加热断口和需剥切的外护套，将其略微软化，再

（a）用玻璃片去除石墨层

（b）将石墨层去除干净

图7-6 除去石墨层

垂直向电缆断口方向切一道刀痕，深度不超过外护套厚度的3/4。用平口起子配合电工刀，去除外护套。注意不得重度损伤波纹铝护套（如图7-7所示）。

（a）用PVC胶带做记号

（b）用电工刀环切

（c）缠绕PVC带

（d）喷枪加热

图7-7 剥切外护套（一）

（e）垂直切开外护套　　　　　　　　（f）平口起子去除外护套

图7-7　剥切外护套（二）

（5）剥切波纹铝护套。用燃气喷枪稍稍加热波纹铝护套外面的沥青，注意温度不得过高，以免损伤电缆结构。用白布配合硬脂酸将沥青清洗干净。在规定的安装尺寸处用PVC胶带做好记号，用手锯慢慢锯一圈环痕，深度不超过波纹铝护套厚度的3/4。轻轻扳动波纹铝护套端头，使得环痕经历金属疲劳后断开。去除波纹铝护套后，将断口用鲤鱼钳向外扳成喇叭口，并将断口打磨光滑，去掉尖端。去除波纹铝护套时不得损伤内部的半导电层和填充材料。喇叭口打磨完后即可用剪刀剪去阻水带，在波纹铝护套断口处保留20mm的阻水带并用PVC带缠好，剪阻水带的过程中不得伤及屏蔽层（如图7-8所示）。

（a）用喷枪加热沥青　　　　　　　　（b）用白布配合硬脂酸清洗沥青

图7-8　剥切波纹铝护套（一）

（c）清洗干净后的波纹铝护套

（d）环割波纹铝护套

（e）去除波纹铝护套

（f）缠绕 PVC 带

（g）用鲤鱼钳将断口扳成喇叭口

（h）掰喇叭口过程中对波纹铝护套进行保护

（j）打磨断口

图7-8　剥切波纹铝护套（二）

（6）电缆反应力锥的制作。作业前一定要看清楚反应力锥的尺寸要求，使用专用的 110kV 电缆剥削器去除绝缘层，由里向外，逐渐减少剥切深度，控制好纵向位移和深度的关系，慢慢剥切至规定的锥长处。注意不要使用电缆剥削器一次剥切到位，要留有一定余度，通过打磨达到要求的坡度和锥长（如图 7-9 所示）。

（a）测量电缆的尺寸

（b）套入电缆剥削器

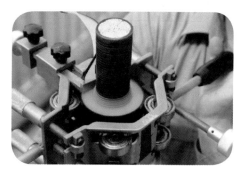

（c）去除绝缘层

（d）剥切形成电缆反应力锥

图7-9　电缆反应力锥的制作

（7）电缆绝缘屏蔽层的处理。反应力锥制作完毕后，向下剥切绝缘屏蔽层调节剥削器深度时，应根据最终打磨主绝缘直径来确定剩余绝缘屏蔽的厚度，最后用玻璃片去除剩余厚度的绝缘屏蔽层。然后再对主绝缘与绝缘屏蔽层分界处的断口进行处理，特别注意，绝缘屏蔽断口的处理是制作电缆终端最重要的部分，也是运行中最容易因施工原因而导致放电的部位。因此，绝缘屏蔽层断口尺寸要严格按照安装尺寸要求，断口应平齐，打磨光滑圆润，并与绝缘表面平滑过渡，允许偏差 2mm，不得有锯齿尖端，绝缘表面没有遗留半导电材料（如图 7-10 所示）。

（a）用玻璃片去除剩余的绝缘屏蔽层

（b）对主绝缘与绝缘屏蔽层分界处的断口进行处理

（c）断口应平齐、光滑圆润

图7-10　电缆屏蔽层的处理

（8）绝缘表面打磨处理。电缆绝缘表面应进行打磨抛光处理，一般应采用 240 ~ 600 号及以上砂纸或砂带，110kV 及以上电缆应尽可能使用 600 号及以上砂纸或砂带，不可使用低于 400 号砂纸或砂带。初始打磨时可使用打磨机或 240 号砂纸或砂带进行粗抛，并按照由小至大的顺序选择砂纸或砂带进行打磨。打磨时每一号砂纸或砂带应从两个方向打磨 10 遍以上，直到上号砂纸或砂带的痕迹消失；打磨抛光处理重点部位是安装应力锥的部位，打磨处理完毕后应测量绝缘表面直径。测量时应多选择几个测量点，每个测量点宜测两次，且测量点数及 X-Y 方向测量偏差满足工艺要求，确保绝缘表面的直径达到设计图纸所规定的尺寸范围，测量完毕应再次打磨抛光测量点去除痕迹。打磨抛光处理完毕后，绝缘表面的粗糙度（目视检测）宜按照工艺要求执行，如工艺标准未注明，建议控制在：$110kV \leqslant 20um$ 以下，现场可用平行光源进行检查；打磨处理完毕后，用塑料薄膜覆盖抛光过的绝缘表面，以免其受潮或被污损（如图 7-11 所示）。

（a）用打磨机粗抛　　　　　　　　（b）用砂纸打磨

（c）用砂带打磨

图7-11　绝缘表面打磨处理

（9）清洁表面。使用无水乙醇，从绝缘部分向半导电方向擦干净。清洁纸不得来回反复使用（如图 7-12 所示）。

（a）从绝缘部分向半导电方向擦干净

（b）清洁后的表面

（c）清洁表面完成

图7-12　清洁表面

（10）记录尺寸。对不同测量点、不同方位测得的绝缘厚度及各部分的剥切尺寸做详细记录。

（11）最后做到工完、料尽、场地清（如图7-13所示）。

图7-13　清理场地

项目八

110kV 电缆终端头尾管搪铅操作

一、学习任务 Search

本项目主要介绍了 110kV 电缆终端头尾管搪铅制作。通过学习搪铅制作工艺，熟悉搪铅操作方法（触铅法和浇铅法两种）。

二、工器具及材料 Search

（1）工器具：液化气喷枪、液化气罐、专用电缆支架、钢丝刷、钢尺。

（2）材料：2.2m 电缆一根，电缆尾管一个铅锡合金焊条（电缆搪铅专用）6 根，硬脂酸一块，铅焊底料（低温铝）一根，牛油布（揩布）一块，防金属颗粒口罩、隔热手套（如图 8-1 所示）。

（a）110kV 电缆

（b）其他工器具及材料

图8-1 工器具及材料

三、安全要求 Search

（1）做好防护措施，搪铅前戴好安全帽、口罩及手套。

（2）不得长时间加热尾管或电缆铝护套的局部，防止过热损伤电缆内部结构。

（3）注意喷枪火焰不得对着人，注意不要伤及自己和他人。

（4）防止熔落的高温焊料溅落伤人。

（5）在铅封未冷却前不得撬动电缆。

（6）动火作业应填写动火工作票，作业现场注意通风。

四、实操步骤 Search

（1）封铅部位处理。按照尺寸要求剥去电缆外护套，将沥青清洗干净，然后用钢丝刷清除铜尾管和电缆铝护套封铅部位的表面污垢和氧化层，然后用喷枪稍稍加热铝护套，并涂擦低温铝焊料，如图8-2～图8-4所示。

图8-2　剥除外护套前画好尺寸

图8-3 切除护套口

（a）清理表面污垢

（b）清理氧化层

（c）用喷枪加热铝护套

（d）封铅部位处理完成

图8-4 封铅部位处理

（2）按照尺寸要求在铝护套上进行搪底铅操作，搪铅前应在金属护套上涂上低温铝，注意上下收口要与铝护套密封好。然后套上尾管进行最终封铅（如

图 8-5 ~ 图 8-7 所示）。

（a）清理氧化层

（b）用喷枪加热铝护套

（c）在金属护套上涂低温铝

图8-5　清洁并涂擦低温铝

（a）量取合适铝护套长度

（b）将封铅焊条融化在揩布上

图8-6　浇铅法搪铅操作（一）

（c）及时固定在封铅部位　　　　（d）堆触至需要的尺寸和外观

图8-6　浇铅法搪铅操作（二）

（a）加热封铅部位　　　　　　　（b）堆触至需要的尺寸和外观

（c）套上尾管进行最终封铅　　　　（d）最终封铅完成

图8-7　尾管铅封流程

（3）搪铅操作方法有触铅法和浇铅法两种。

触铅法：将封铅焊条靠近封铅部位，用喷枪来回加热封铅部位和封铅焊条，堆触在封铅部位，用揩布来回揉，使其定型和密实，堆触至需要的尺寸和外观（如图8-8所示）。

浇铅法：先将封铅焊条融化在揩布上，呈半凝固状态时及时固定在封铅部位，用揩布来回揉，使其定型和密实，堆触至需要的尺寸和外观（如图8-9所示）。

图8-8　触铅法　　　　　　　　　图8-9　浇铅法

（4）操作完毕，清理现场，清点工器具、材料无误后，汇报完工。

项目九

交叉互联箱安装

一、学习任务 Search

本项目主要介绍单芯电缆线路交叉互联箱的接线方法。通过学习，掌握交叉互联箱的基本结构及接线方式，熟悉交叉互联箱的原理及接线方法。

二、工器具及材料 Search

（1）工器具：手动扳手（8号、10号）、裁纸刀、钢丝钳、手锯、电缆环切刀、同轴电缆剥切刀、钢直尺、卷尺。

（2）材料：同轴电缆、接地电缆、裁纸刀刀片、绝缘自粘带、防水带、相色绝缘带、绝缘热缩相色管（如图9-1所示）。

图9-1　工器具及材料

三、安全要求

（1）作业现场应设置安全围栏。

（2）接头井内作业需保持通风。

（3）使用刀具时，刀口不得对人。

四、实操步骤

（1）外观检查。检查交叉互联箱箱体有无破损，开启交叉互联箱盖板后，检查内部结构和所有连接部件有无缺失或损坏，密封材料应完好，无腐蚀（如图 9-2 所示）。

1）开启箱盖后应将所有螺丝集中存放，防止遗失；

2）若为更换旧的交叉互联箱，应在开箱后对原交叉互联连接方式进行拍照留存，待新安装完毕后进行比对，确保新装交叉互联箱连接方式与原接线方式保持一致，防止护层接线错误。

图9-2　外观检查

（2）拆除换位连板。根据连板连接方式，拆除换位连板（如图 9-3 所示）。

（3）查看安装说明。阅读制作说明书，确定安装制作尺寸和方法（如图 9-4 所示）。

（4）剥切同轴电缆。根据交叉互联箱内线芯及屏蔽等连接部位深度尺寸，剥切同轴电缆屏蔽及线芯长度。

1）根据安装图纸尺寸要求，在同轴电缆上做好两处剥切标记，外护套剥切尺寸为130mm；电缆屏蔽层剥切尺寸为90mm（如图9-5所示）。具体剥切尺寸按实际附件要求进行处理。

（a）分相拆除箱体连板

（b）换位连板拆除完成

图9-3　拆除换位连板

图9-4　查看安装说明书

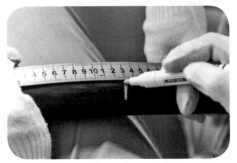

图9-5　量取同轴电缆线芯及屏蔽尺寸标记

2）用绝缘胶带在同轴电缆表面做好标记（如图9-6所示）。

3）使用电缆环切刀在标记处环切一圈，其中电缆屏蔽层环切深度为电缆屏蔽层（铜丝屏蔽层）的3/4处（如图9-7所示）。

图9-6　用绝缘胶带做定位标记

图9-7　使用电缆环刀环切

4）用裁纸刀剥开电缆外护套（如图9-8所示）。

图9-8　用裁纸刀剥开电缆外护套

5）将屏蔽层铜丝掰断（如图9-9所示）。

（a）去除填充层，确认断口平齐

（b）掰断铜丝屏蔽

图9-9　去除填充及铜丝屏蔽

6）按照图纸尺寸要求，同轴电缆主绝缘剥切尺寸为 25mm（如图 9-10 所示）。

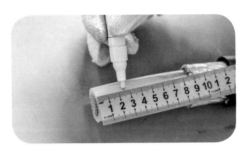

图9-10　同轴电缆主绝缘剥切尺寸

7）使用电缆绝缘剥切刀纵向、横向切除同轴电缆线芯绝缘部分，切记不可伤及电缆线芯（如图 9-11 所示）。

图9-11　使用电缆剥切刀剥切绝缘部分

8）去除同轴电缆线芯绝缘层（如图 9-12 所示）。

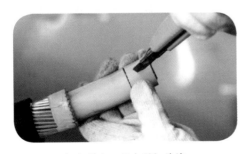

（a）横向、纵向剥切绝缘　　　　　　（b）同轴电缆制作完成

图9-12　去除同轴电缆绝缘层

（5）套入同轴电缆。将剥切完成的同轴电缆分相插入交叉互联箱中，插入前应正确核实相位，并套入绝缘热缩相色管（如图9-13所示）。

（6）制作接地电缆。按照图纸尺寸要求，剥切接地电缆外护套和绝缘部分。

（7）固定同轴电缆。将三相同轴电缆分别固定在交叉互联箱内线芯及屏蔽连接部位，固定前在同轴电缆引出箱体部分绕包防水带填充（如图9-14所示）。

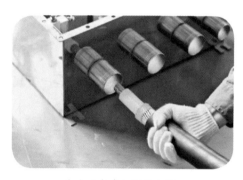

（a）分相套入同轴电缆 　　　　（b）将同轴电缆固定在连接部位

图9-13　套入同轴电缆

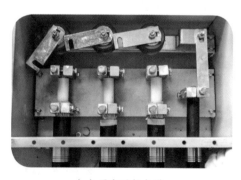

（a）固定同轴电缆 　　　　（b）绕包绝缘自粘带

图9-14　固定同轴电缆

（8）安装接地电缆。将接地电缆安装至交叉互联箱总接地部位，引出至线路接地体固定（如图9-15所示）。

（a）套入接地电缆　　　　　　　　　（b）固定接地电缆

图9-15　安装接地电缆

（9）连接换位连板。根据单芯电缆金属护层换位方式，或参照原接线方式，选择正确的金属护层连接方式，将连板进行逐相连接，连接换位连板，确保全线护层回路接线正确、换位方式一致（如图9-16所示）。

（a）逐相搭接连板　　　　　　　　　（b）搭接完毕检查固定

图9-16　连接换位连板

（10）密封处理。在同轴电缆及接地电缆插入箱体处绕包密封胶，防水带及PVC光带进行防水密封处理（如图9-17所示）。

（11）密封箱体。密封箱体前，将箱内杂物清理干净，恢复交叉互联箱的箱盖，套入并固定，箱盖与箱体之间需加装密封防水垫圈，防止交叉互联箱进水受潮，螺丝需固定可靠不得有缺失，按规定交叉互联箱安装完毕后应挂在接头井墙面或隧道墙体，同时满足运维检修工作的开展（如图9-18所示）。

图9-17　同轴电缆防水密封处理

图9-18　交叉互联箱防水处理完成

至此，单芯电缆交叉互联箱安装的步骤全部完成。

第二部分　电气试验类

项目十

运行中的电缆停电摇测绝缘电阻

一、学习任务 Search

配电网的电力传输使用电缆越来越多，停电试验仍然是目前判断电缆运行状态是否良好的有效手段，其中绝缘电阻测试是电缆试验中的一个重要检测项目。试验人员往往只对其作为一个参考值考虑，忽略了绝缘电阻值对于电缆状态评价的重要性，错误地认为只要通过耐压试验和振荡波局放测试合格，就允许电缆投入运行。通过对配电电缆进行绝缘电阻摇测试验，提出绝缘电阻值在电缆状态评价中的意义，分析电缆绝缘电阻测试机理，同时结合多年工作中电力电缆测试的成功案例，阐明绝缘电阻值对电力电缆运行状态评价的重要作用。

二、工器具及材料 Search

（1）工器具：电工个人组合工具，安全用具（验电器、接地线一副、绝缘手套一副、遮栏、绝缘垫、标识牌一套），如图 10-1 所示。

（2）材料：被试电力电缆。

（3）设备：2500V 或 5000V 绝缘电阻表一块，试验用测试线包，计时秒表。

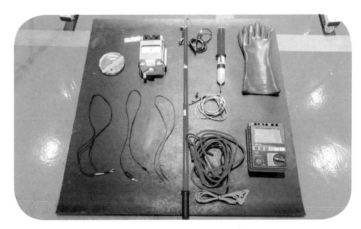

图10-1 工器具及材料

三、安全要求 Search

（1）电缆起始点与终点的位置。

（2）电缆两端是否与其刀闸、避雷器等连接设备断开。

（3）电缆的绝缘材料、型号、电压等级、长度核对准确。

（4）拆、装电缆头时，核对相位，并做好标识。

（5）末端在开关站和环网柜中，需围设遮栏，并且悬挂相应标示牌（如图10-2所示）。

图10-2 悬挂警示牌

（6）末端在电缆开断或在杆上的情况下，要围设遮栏，悬挂相应标示牌，并设置专人值守（如图 10-3 所示）。

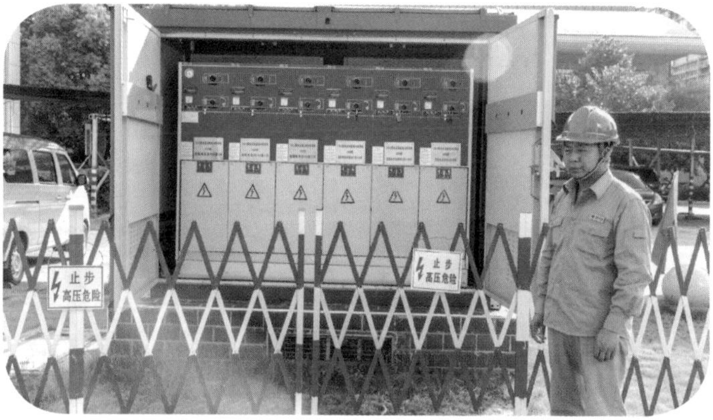

图10-3 设置专人值守

四、实操步骤 Search

（一）选择绝缘电阻表

（1）500V 及以下低压电缆用 500V 绝缘电阻表。

（2）10kV 高压电力电缆选择 2500 ~ 5000V 绝缘电阻表（如图 10-4 所示）。

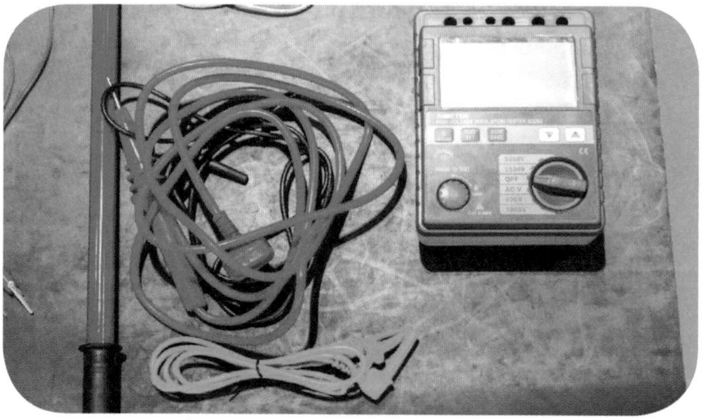

图10-4 绝缘电阻表

（二）操作步骤

（1）检查绝缘电阻表。

1）开路时无穷大；

2）短路时数值为零（如图10-5所示）。

（a）手动绝缘电阻表短接

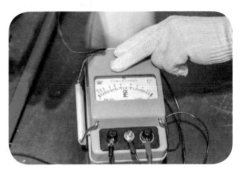
（b）短路时数值为零

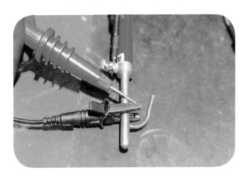
（c）电动绝缘电阻表短接

（d）短路时数值为零

图10-5　绝缘电阻表检查

（2）摇测电缆。

1）首先用已接地的放电棒对被测试的电缆逐相进行不少于2s的放电；

2）摇测一相时，另外两相要用接地短接线相连；

3）摇测完毕后，要用接地短接线充分放电（如图10-6所示）。

图10-6   接地放电

（3）用手动绝缘电阻表摇测电缆时，在15s和60s时分别读出数值，摇测速度为120s/min，各相电缆吸收比60/15为2时，证明电缆绝缘状况良好没有受潮（如图10-7所示）。

图10-7   手动绝缘电阻表读数检查

项目十一

10kV 电力电缆交流串联谐振耐压试验

一、学习任务

本项目主要介绍 10kV 电力电缆交流串联谐振耐压试验。通过学习，掌握 10kV 交联聚乙烯电缆串联谐振耐压试验的操作流程和安全注意事项，熟悉试验的过程。

二、工器具及材料

（1）工器具：2500V 绝缘电阻表一块，短接杆若干，绝缘手套一副，放电棒一根，短接线若干，串联谐振主机一台，励磁变压器一台，谐振电抗器三台，分压器一台，补偿电容一台，安全围栏，警示牌若干。

（2）材料：10kV 交联聚乙烯电缆模拟线路一条，记录用纸（如图 11-1 所示）。

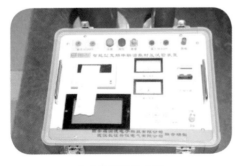
（a）串联谐振主机

（b）分压器

图11-1　工器具及材料（一）

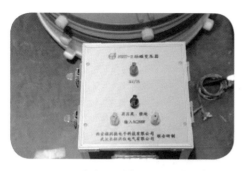
（c）励磁变压器

（d）谐振电抗器

（e）工器具

图11-1 工器具及材料（二）

三、安全要求 Search

（1）加压端区域设置安全围栏，向外悬挂"止步，高压危险！"警示牌，另一端设置围栏并派专人看守（如图 11-2 所示）。

图11-2 试验场所安全设置

（2）作业人员穿全棉长袖工作服、绝缘鞋，佩戴安全帽、手套。使用万用表时须戴绝缘手套（如图 11-3 所示）。

图11-3　安全着装

（3）短路线的截面积不得小于被试电缆的纤芯截面。

（4）试验前须对被试电缆进行充分放电，对一相外护套进行测量绝缘电阻时，另外两相电缆应接地。

四、设备安装 Search

（1）谐振电抗器安装。首先要了解电抗器的参数：额定电压、额定电流、电感值；电抗器的连接先满足电压要求，例如，每台电抗器额定电压 10kV，试验电压 22kV，需要串 3 台（如图 11-4 所示）。

（a）装接谐振电抗器（1）　　　　　（b）装接谐振电抗器（2）

图11-4　谐振电抗器安装（一）

（c）装接谐振电抗器（3）

（d）谐振电抗器接线（1）

（e）谐振电抗器接线（2）

（f）谐振电抗器接线（3）

（g）谐振电抗器接线完成（1）

（h）谐振电抗器接线完成（2）

图11-4　谐振电抗器安装（二）

（2）分压器安装、连接试品。电抗器高压出线连接分压器上端，再连接到电缆头，这样连接方便现场调整高压引线方向，从而不用移动其他设备（如图11-5所示）。

（a）分压器上端与电抗器连接

（b）连接电抗器高压出线

（c）电抗器高压出线与分压器上端相连

（d）分压器上端与电缆连接（1）

（e）分压器上端与电缆连接（2）

（f）连接电缆头

图11-5 分压器安装，连接试品（一）

（g）电抗器连接分压器再连接到电缆

（h）电缆连接到分压器

（i）分压器与电抗器、电缆连接

（j）连接电缆头

图11-5 分压器安装，连接试品（二）

（3）励磁变压器连线安装。励磁变压器输入端子（绿色）连接主机输出，红色端子连接电抗器，黑色端子接地（如图11-6所示）。

（a）励磁变压器

（b）红色端子

图11-6 励磁变压器连线安装（一）

（c）电抗器　　　　　　　　　　　（d）主机输出

（e）励磁变输入端子（绿色）　　　　（f）励磁变输入端子（绿色）

图11-6　励磁变压器连线安装（二）

（4）变频谐振主机连线如图 11-7 所示，仪器地线连接如图 11-8 所示。分压器测试线连接主机电源接 AC 220V，输出端子连接励磁变压器输入，如图 11-9 所示，接地端子接地、信号线连接分压器下端。

（a）变频谐振主机输出端　　　　（b）变频谐振主机信号线接分压器下端

图11-7　变频谐振主机连线（一）

（c）变频谐振主机地线连接

图11-7 变频谐振主机连线（二）

（a）接地端子接地

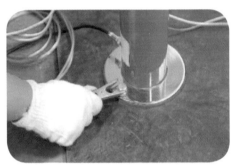

（b）分压器接地端子接地线

图11-8 仪器地线连接

（a）励磁变压器接地端子接地线

（b）连接励磁变压器输入

图11-9 分压器测试线连接（一）

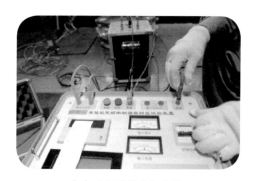

（c）变频谐振主机连线

图11-9　分压器测试线连接（二）

五、操作使用

（1）根据试品电容量、电压等级按图11-7所示正确可靠接线。

（2）合装置总电源开关，绿色"电源"指示灯亮，LCD显示屏亮。

屏幕显示开机界面、显示系统电压等级及预热递减时间，大约30s后（如果配制有双分压器，则会有分压器选择菜单），会显示如图11-10所示界面。

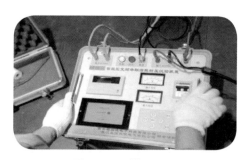

图11-10　界面显示

［注意］界面上显示的系统仅仅表示使用的软件可以升到的最大电压，实际升到的电压以分压器的最大电压为准，例如界面显示为100kV系统，使用的分压器为60kV，则实际最高电压可以升到60kV，界面设置电压数值时不要超过60kV。

（3）通过"→""←"按键选择，按"确认"进入"试验"菜单。

耐压试验如图 11-11 所示。

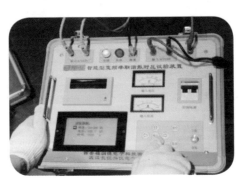

图11-11　耐压试验

频率范围：20～300Hz。

电压：根据试验需要移动光标选择所需的电压值；

时间：根据试验要求移动光标选择试验时间；设置完成后，出现"手动""自动"及"半自动"选择菜单。

手动方式：按"确认"键，按照屏幕提示搜索谐振频率，确认此频率为谐振频率，按照屏幕提示手动升压，通过监视显示的电压读数，到达所需电压后开始计时，时间到后仪器会自动降压，并停止高压输出。

自动方式：按"确认"键，仪器自动完成搜索谐振点、锁频、自动升压、自动计时、到时降压、自动停止高压输出。

半自动方式：按"确认"键，仪器自动完成搜索谐振点，锁频后按照屏幕提示需要手动升压，通过监视显示电压读数，到达所需电压后开始计时，时间到后仪器会自动降压，停止高压输出。

示例"手动"屏幕操作显示如图 11-12 所示。

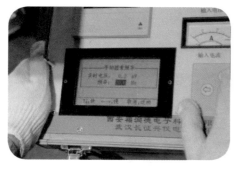

图11-12 "手动"屏幕操作显示

在此显示屏下,按住"↑"键不放,则频率会连续递增。

搜索到谐振频率后,按"确认"键后,则出现如图11-13所示的显示。

图11-13 屏幕显示

此界面下,按"↑""↓"键进行调压,按"→""←"键可以微调频率(正常情况下不用,认为受热等条件变化需要细调频率时使用),按"确认"键进入计时界面,长按"取消"键停止并切断高压输出。可以升到设定电压开始计时,也可以在升压的过程中按"确认"开始计时,按"确认"键进入计时界面时显示如图11-14所示。

图11-14 计时界面的显示

试验结束后仪器自动降压关闭高压界面（如图 11-15 所示）。

图11-15 试验结束后界面

根据需要选择打印或者存储（如图 11-16 所示）。

图11-16 选择打印或存储

六、完成整个试验对电缆进行放电，并收拾好设备

试验完成后，关闭主机电源空开并拔掉电源插头，然后对试品放电，挂地线后方可拆除连接线（如图11-17所示）。

（a）对试品放电

（b）挂地线操作（1）

（c）挂地线操作（2）

（d）拆除连接线

图11-17　清点现场

项目十二

10kV 电力电缆直流耐压及泄漏电流试验

一、学习任务 Search

电力电缆的直流耐压实验能最直观地反映电缆内部的缺陷，是保障电缆正常安全投运的最佳手段。高压电缆的泄漏电流和耐压试验可以发现绝缘电阻测定过程中所不能发现的绝缘缺陷，能较好地反映电缆受潮、绝缘下降、劣化和局部缺陷等方面的问题，做到隐患早发现，早排除，确保安全供电，所以高压电缆的泄漏和耐压试验需要每年一次。

二、工器具及材料 Search

（1）工器具：电工组合工具、验电器一个、标示牌、安全围栏、高压接地线一套、绝缘手套、绝缘垫（如图 12-1 所示）。

图12-1　工器具及材料

（2）材料：10kV 被试电力电缆。

（3）设备：ZGF-60kV/2mA 直流高压发生器，微安表、绝缘电阻表各一块，万用表一块，放电棒，试验用线包。

三、安全要求

（1）试验工作由两人进行，一人操作，一人监护，需持工作票并得到许可后方可开工（如图 12-2 所示）。

图12-2　宣读工作票

（2）电缆耐压试验前，加压端应做好安全措施，防止人员误入试验场所；另一端应设置围栏并挂上警告标示牌，若另一端是上杆或是锯断电缆处，应派专人看守。

四、实操步骤

◆ 1. 操作要求

（1）电缆耐压前后，应对被试电缆逐相充分放电，作业人员应戴好绝缘手套并站在绝缘垫上，如图 12-3 所示。

图12-3　放电正确装备

（2）更换引线时，应对被试品充分放电，作业人员应戴好绝缘手套并站在绝缘垫上。

◆ 2. 操作步骤

（1）试验前，工作负责人要根据工作票许可制度得到工作许可人的许可，到达工作现场后要核对电缆线路名称和工作票所列各项安全措施，均正确无误后才能开工。在试验地点周围要做好防止外人接近的措施，另一端应设置围栏并挂上标识牌，如另一端是上杆或是锯断电缆处，应派专人看守。

（2）根据电缆线路的电压等级和试验规程的试验标准，确定直流试验电压并选择相应的试验设备（如图 12-4 所示）。

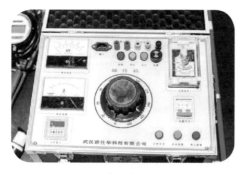
（a）高压发生器

（b）变压器

图12-4　试验设备

（3）按试验接线图连接好试验设备，试验负责人在正式合闸加压前要检查试验接线是否正确、接地是否可靠、仪表指针是否在零位，在确认无误后才可以加压试验（如图 12-5 所示）。

（a）连接试验设备

（b）检查试验接线

（c）加压试验

图12-5　正确连接试验设备、检查并加压试验

（4）合闸后要检查电压表和微安表指示是否正常，如有异常应查出并消除原因后才可继续升压试验。升压速度要均匀，大约为 1～2kV/s，并根据充电电流的大小，调整升压速度。

（5）加到标准试验电压 35kV 后，根据标准时间的先后读取泄漏电流值，做好试验记录，作为判断电缆绝缘状态的依据。

（6）电缆试验应逐相进行，一相电缆加压时，另外两相电缆导体、金属屏蔽层和铠装层应接地；每相试验完毕，应将调压器退回到零位，然后切断电源。被试相导体要经放电棒充分放电并直接接地，然后才可以调换试验引线。在调换试验引线时，人不可直接接触未接接地线的电缆导体，避免导体上的剩余电荷对施工人员造成危害（如图 12-6 所示）。

（a）逐相进行电缆试验

（b）放电棒放电

（c）进行电缆试验

图12-6　电缆试验

（7）试验结束后，设备恢复原状，清理接线，清理现场（如图 12-7 所示）。

图12-7　清理现场

项目十三

10kV 电力电缆 0.1Hz 交流耐压试验

一、学习任务 Search

本项目主要介绍 10kV 电力电缆 0.1Hz 交流耐压试验。通过学习，掌握 10kV 交联聚乙烯电缆 0.1Hz 耐压设备的操作流程和安全注意事项，熟悉 0.1Hz 耐压的原理。

二、工器具及材料 Search

（1）工器具：万用表一块，2500V 绝缘电阻表一块，赛巴 VLF34 耐压设备一套，温湿度计一块，胶带三卷，安全帽一顶，高压橡胶绝缘手套一副，接地杆一套，放电棒一根，验电器一根，安全围栏，警示牌若干。

（2）材料：10kV 交联聚乙烯电缆模拟线路一条，记录用纸笔（如图 13-1 所示）。

图13-1　工器具及材料

三、安全要求

（1）加压端区域设置安全围栏，向外悬挂"止步，高压危险"警示牌，另一端设置围栏并派专人看守。

（2）作业人员穿全棉长袖工作服、绝缘鞋，佩戴安全帽、手套。使用外用表时须戴绝缘手套。

（3）短路线的截面积不得小于被试电缆的线芯截面。

（4）试验前须对被试电缆进行充分放电，对一相进行耐压试验时，另外两相电缆应接地。

四、实操步骤

（1）保护地线的连接。将试验仪器上面的绿色保护接地线与变电站系统或电缆终端杆的接地引下线可靠连接，去除接地引下线或接地母排上的防护漆、铁锈或铜锈，确保连接点露出光亮的金属（如图 13-2 所示）。

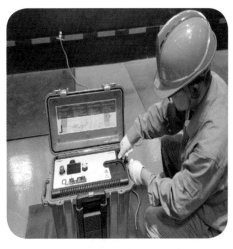

（a）试验仪器的绿色保护接地线　　　　　　（b）与接地母排可靠连接

图13-2　保护地线的连接

（2）高压连接电缆的连接。从试验仪器附件包里取出最粗的高压电缆，将插头插入仪器表面的高压电缆连接插孔，在插头插进去后顺时针旋转锁定，防止插头意外脱落，逆时针旋转即可解锁。将高压连接电缆另一端的红色夹子与被试电缆导体线芯可靠连接，另一个黑线工作接地则与屏蔽层地线可靠连接，确认屏蔽层地线已与接地母排可靠连接（如图 13-3 所示）。

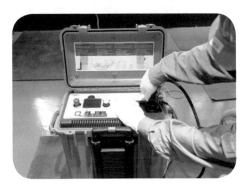

图13-3　高压连接电缆的连接

同时，当分相进行试验时，如 C 相作为被试相时，其余的 A 相、B 相导体线芯须与系统地可靠连接（如图 13-4 所示）。

（a）分相进行试验接线　　　　　　　（b）与系统地可靠连接

图13-4　非被试相与系统地可靠连接

（3）电源线的连接。将试验仪器的电源线一端插入主机侧面的插座；另一端插入变电站检修电源箱的 220V 插座或汽油发电机 220V 插座（如图 13-5 所示）。

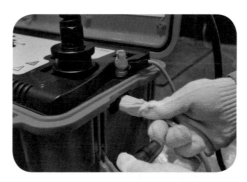

图13-5　电源线的连接

（4）仪器现场操作。

第一步：按下试验仪器主机左下角的白色按键开机，并打开红色急停按钮与高压开关钥匙，否则无法进行高压输出（如图 13-6 所示）。

图13-6　仪器现场操作

第二步：调节中央的单键旋钮，选中液晶显示器左上角电压选项设定输出电压；设定试验电压为"17.4kV"；再选择右上角时间选项设定试验时间为 30min（如图 13-7 所示）。

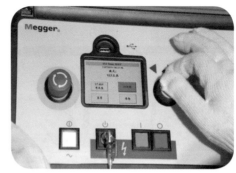

（a）设定试验电压为"17.4kV"　　　　　　（b）设定试验时间为 30min

图13-7　仪器现场操作

第三步：通过液晶显示器和单键旋钮选择右下角启动选项，提示按下高压合入，这时应看到绿色指示灯点亮，在 5s 内按下绿色高压合入按键，应当看到红色指示灯点亮，并开始耐压试验（如图 13-8 所示）。

（a）绿色指示灯点亮　　　　　　　　　　（b）红色指示灯点亮

图13-8　仪器现场操作

第四步：根据耐压试验时间，在现场等待 30min，仪器将自动结束试验并提示插入 U 盘保存试验数据，也可在测试开始前插入 U 盘，设备将自动存储试验数据（如图 13-9 所示）。

（a）显示试验完成

（b）提示插入 U 盘保存试验数据

（c）自动存储试验数据到 U 盘

图13-9　仪器现场操作

（5）设备将自动放电，但为了安全，仍需使用放电棒再次放电（如图 13-10 所示）。

（6）操作完毕，清理现场，清点工器具，材料无误后，汇报完工（如图 13-11 所示）。

图13-10　使用放电棒放电

图13-11　清点现场汇报完工

项目十四
交叉互联系统试验检查

一、学习任务 Search

本项目主要介绍交叉互联系统试验检查。通过学习电缆外护套直流耐压试验、护层保护器试验、交叉互联箱检查、接线正确性检查等工作，熟悉电气试验技能，增强对电缆交叉互联接地系统的了解。

二、工器具及材料 Search

（1）工器具：个人电工工具一套，包括扳手、钢丝钳、起子；个人安全用具，包括绝缘鞋、绝缘手套、安全帽、工作服；记录用纸和笔（如图14-1所示）。

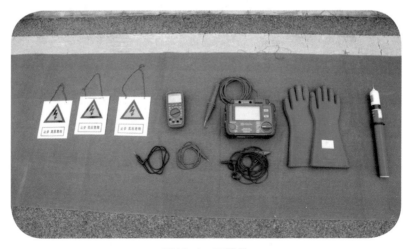

图14-1　工器具

（2）材料：110kV 电缆线路一个完整的交叉互联段。

三、安全要求

（1）做直流耐压试验时，遵循《国家电网公司安全工作规程（线路部分）》及《电气设备预防性试验规程》DL／T 596–2005 的相关要求。

（2）使用绝缘电阻表检查电缆外护套电阻时，需注意对电缆进行充分放电，防止残余电荷伤人。

（3）工器具和材料有序摆放。

（4）施工场地周围设置安全围栏，并悬挂警示牌（如图 14-2 所示）。

（a）施工场地周围设置安全围栏   （b）悬挂警示牌

图14-2　施工场地安全设施

（5）进行电缆外护套直流耐压试验、护层保护器试验、交叉互联箱检查、接线正确性检查等。

四、实操步骤

（1）交叉互联箱检查。检查接地箱内污垢情况、积水情况，检查接地箱密封情况。

（2）接线正确性检查。首先通过绝缘接头的接地箱引出方向、观察同轴电缆线芯和屏蔽层的连接方向，再检查接地箱中连接铜排的接线顺序、同轴电缆的进线相序，绘制交叉互联接线图。最后，通过绝缘电阻表再逐一核相，鉴别交叉互联接线图是否正确。

（3）护层保护器试验。使用 1000V 绝缘电阻表，测量护层保护器的绝缘电阻，应不低于 10MΩ（如图 14-3 所示）。

（a）使用绝缘电阻表测量　　　　　　（b）绝缘电阻表读数

图14-3　测量绝缘电阻

（4）直流耐压试验。主要包括电缆外护套、绝缘接头绝缘法兰、同轴电缆的直流耐压试验。对交叉互联接地系统中的三段电缆，分别使用 2500V 绝缘电阻表测量金属护套对地绝缘，记录下 60s 和 15s 的值，做好记录。然后使用直流耐压试验成套装置，分别对每段电缆外护套做直流耐压试验，逐步升压至 DC 5000V，记录泄漏电流。试验时须将护层保护器断开（如图 14-4 所示），在互联箱中将另一侧的三相电缆全部接地，被试段另外两相电缆接地。

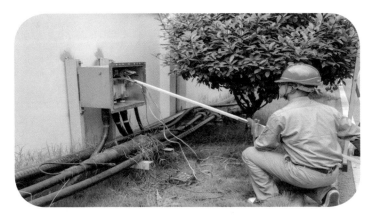

图14-4　将护层保护器断开

（5）操作完毕，清理现场，清点工器具，材料无误后，汇报完工。

第三部分　运维检修类

项目十五

电缆路径及埋设深度探测，绘出直线图和单相埋设深度断面图

一、学习任务 Search

本项目主要介绍电缆路径仪 RD4000 的使用方法（可带电），通过学习，掌握电缆路径探测、埋深探测及电缆识别的方法。

二、工器具及材料 Search

（1）工器具：常用电工工具、安全帽、安全遮栏、标示牌、反光背心。

（2）设备：电缆路径探测仪 –RD4000 接收机及发射机、测试线、接收机夹钳（如图 15-1 所示）。

（3）材料：10kV 电缆。

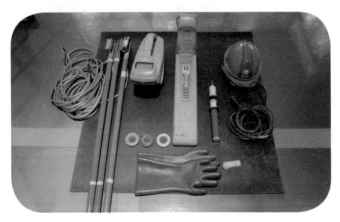

图15-1　工器具及设备

三、安全要求 Search

（1）需持工作票得到许可后方可开工，如图 15-2 所示。

图15-2　正确着装及人数配备

（2）需设监护人一名，专职监护操作人的安全。

（3）需穿醒目的反光背心。

（4）在电缆两端设置围栏并挂上标识牌（如图 15-3 所示）。

图15-3　悬挂标识牌

四、实操步骤 Search

（1）检测电缆两端接地电阻良好（达到 10Ω 以下，如图 15-4 所示）。

图15-4　检测电缆两端接地电阻

（2）拆开电缆两端设备，保持电缆两端空置。

（3）发射机装上 12 节 1 号电池，将接收机夹钳对准安装方向，安装到发射机上，进行开机（如图 15-5 所示）。

图15-5　发射机装电池

（4）打开 RD4000 发射机开关，通过发射机上的"f"调频开关设置频率为 8.19kHz，根据电缆长度不同，通过发射机上"＋"或"－"调整适当增益（四个增益：25%、50%、75%、100%），如图 15-6 所示。

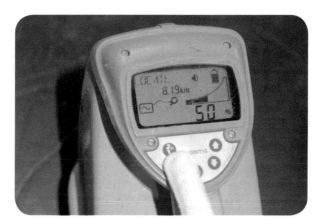

图15-6 发射机操作

（5）将接收机夹钳安装到电缆上（如图 15-7 所示）。

图15-7 将接收机夹钳安装到电缆上

（6）打开 RD4000 接收机开关，通过发射机上的"f"调频开关设置频率为 8.19kHz，在电缆近端 3m 处调节增益控制按钮，进行电缆识别。增益调至 30%，接收信号为 99%，则为目标电缆，接收机信号调整完成（如图 15-8 所示）。

图15-8 调整接收机信号

（7）识别探测：调节完成后进行现场作业，保持接收机与电缆垂直，手持接收机在现场进行探测，如果信号达到99%则为目标电缆，非目标电缆则信号为30%～80%。

（8）路径探测：在目标电缆正上方，进行左右移动，接收器信号为99%，则为电缆埋深位置（如图15-9所示）。

（a）目标电缆正上方

（b）进行左右移动

图15-9 路径探测

1）电缆埋深为1m左右，增益调至60%～70%，接收器信号为99%，目标电缆在正下方。

2）电缆埋深为 2m 左右，增益调至 80%，接收器信号为 99%，目标电缆在正下方。

（9）深度探测：在目标电缆正上方，按下接收机探测按键，1s 后，即可显示目标电缆深度。绘出直线图和单相埋设深度断面图。

五、总结 Search

（1）如果发射机信号正常，接收机增益调至 30%，接收信号为 99%，则为目标电缆；若接收机增益达到 10% ~ 70%，接收信号不足 99%，则为非目标电缆（1km 范围内）。

（2）若距离超过 1km，且发射机信号正常，接收机增益达到 30%，接收信号 70% ~ 80%，则为目标电缆。

（3）一般情况下，测试电缆路径无需打开电缆盖板，如果测试过程中接收信号弱，则需打开电缆盖板，在目标电缆上直接测试。

项目十六

电力电缆线路红外测温

一、学习任务 Search

本项目主要介绍利用红外测温技术，对电缆线路中具有电流、电压致热效应或其他致热效应的部位进行的温度测量。通过学习，掌握红外测温技术，熟悉红外测温仪器的使用方法和操作注意事项。

二、工器具及材料 Search

（1）工器具：红外测温仪一台。

（2）材料：电缆终端、电缆导体与外部金属连接处、具备检测条件的电缆接头（如图 16-1 所示）。

图16-1　工器具及材料

三、安全要求

（1）在检测时，根据《国家电网公司电力安全工作规程（线路部分）》规定的内容，离被检设备以及周围带电运行设备应保持相应电压等级的安全距离，并设置好安全围栏。

（2）不应在有雷、雨、雾、雪的情况下进行，风速一般不大于5m/s。

（3）被检设备为带电运行设备时，尽量避开视线中的遮挡物。

（4）检测时环境温度应在 -15～50℃之间，检测的同时记录环境温度。

（5）在户外检测时，晴天要避免阳光直接照射或反射的影响。

（6）在检测时，应避开附近热辐射源的干扰。

四、操作步骤

（1）穿好工作服，戴好安全帽，摆好安全围栏，并挂上标志牌，如图16-2所示）。

（a）挂好标示牌　　　　　　　　　　（b）着装读工作票

图16-2　安全设置及正确着装

（2）红外测温仪在开机后，首先检查电量情况，然后等内部温度数值显示稳定后进行操作（如图16-3所示）。

图16-3　红外测温仪开机

（3）红外测温仪检测时，应充分利用红外测温仪的有关功能并进行修正，以达到检测最佳效果。

（4）红外测温仪检测时，先对所有应测试部位进行扫描，检查有无过热异常部位，然后再对异常部位和重点被检测设备进行多次检测，获取温度值数据（如图16-4所示）。

（a）对应测试部位进行扫描　　　　　（b）异常部位和重点被检测设备多次检测

图16-4　利用红外测温仪检测

（5）红外测温仪检测时，应及时记录被测设备显示器显示的温度值数据，同时记录环境温度。

（6）检测完毕后，应对数据进行分析：电缆导体或金属屏蔽层（金属套）与外部金属连接的同部位相间温度差超过 6K 应记录为加强监测，超过 10K 应记录为停电检查；终端本体同部位相间温度差超过 2K，应记录为加强监测，超过 4K 应记录为停电检查。检查完毕后清理现场并汇报完工（如图 16-5 所示）。

图16-5　清理现场汇报完工

项目十七

脉冲信号法进行电缆鉴别

一、学习任务

了解电缆鉴别仪的工作原理，能熟练操作，能准确在多条电缆中识别到目标电缆。

二、工器具及材料

（1）工器具：安全围栏、电缆识别仪—TCI发射机、电缆识别仪—TCI接收机、10kV接地线两套、10kV验电针、万用表、相色带（黄绿红）。

（2）材料：10kV铜芯交联聚乙烯绝缘电缆模拟线路一条（如图17-1所示）。

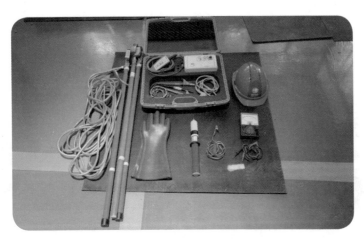

图17-1　工器具及材料

三、安全要求 Search

（1）加压前，在电缆一端设置安全围栏，对侧一端设置安全围栏并配置专人看守（如图17-2所示）。

（a）设置安全围栏   （b）配置专人看守

图17-2　试验场所安全设置

（2）加压前，通知电缆对侧人员施工开始。

四、实操步骤 Search

（1）先放电、验电接地后，做导通实验及核对相位（如图17-3所示），利用万用表核对电缆相位（如图17-4所示），每一相贴上相色（如图17-5所示）。

（a）放电操作   （b）验电操作

图17-3　放电验电接地（一）

（c）接地操作

图17-3　放电验电接地（二）

（a）万用表自检　　　　　　　　　　（b）万用表短接读数为零

图17-4　核对电缆相位

图17-5　贴上相色

（2）在电缆另一端将绿相接地，再将电缆铠装及铜屏蔽接地处拆开、悬空（如图 17-6 所示）。

图17-6　接地操作

（3）在电缆首端绿相上接 TCI 发射机。

1）在电缆首端将电缆铠装及铜屏蔽接地处拆开、悬空（如图 17-7 所示）。

图17-7　将电缆铠装及铜屏蔽接地处拆开、悬空

2）发射机黄绿色及黑色连接线接系统地（如图 17-8 所示）。

3）发射机红色连接线接电缆线芯，接一相即可（绿相），如图 17-9 所示。

（4）准备开机前，通知对侧人员准备加压离开电缆。

（5）开机后脉冲信号发出的同时，伴随"嘀"的提示音，通过输出信号强度指示灯为绿色或黄色时，可以进行识别，如若输出信号强度指示灯为红色时，表示回路电阻太大，不能进行识别，请检查接线及电缆两端的接地电阻值。

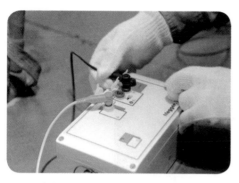
（a）发射机黄绿色及黑色连接线

（b）接系统地

图17-8　发射机接系统地

图17-9　发射机接电缆线芯

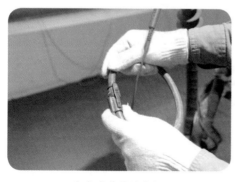
（a）安装柔性夹钳

（b）开机检查接收机输出信号

图17-10　接收机功能

（6）把柔性夹钳和发射机连接，打开 TCI 发射机，按动开机 / 关机键开机（如图 17-10、图 17-11 所示）。

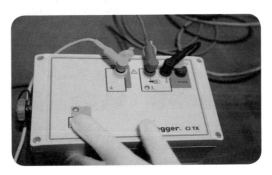

图17-11　TCL发射机开机

（7）确认接收机正常工作，柔性夹钳接口上的箭头指向电缆远端；在电缆近端处调节增益，让 7~8 个绿色灯随信号闪亮；柔性夹钳接口上的箭头指向电缆近端，在电缆远端处调节增益，让 7~8 个红灯随信号闪亮，确认接收机正常工作（如图 17-12 所示）。

图17-12　确认发射机正常工作

增益调节：增益键"＋"和增益键"－"分别用来增大或减小增益，按动增益键时，相同数量的绿色指示灯和红色指示灯同时闪亮，闪亮的数量表示增益的大小。1~10 级增益可调。

（8）在现场需要识别的地方，让柔性夹钳接口上的箭头指向远端，依次卡住每一根电缆，7~8个绿色指示灯闪亮则为目标电缆；让柔性夹钳接口上的箭头指向近端，依次卡住每一根电缆，7~8个红色指示灯闪亮为目标电缆，如若非目标电缆，则绿红指示灯基本不亮或1~2个灯闪亮（如图17-13所示）。

（a）柔性夹钳接口箭头指向远端　　　　　（b）柔性夹钳接口箭头指向近端

图17-13　识别目标电缆

（9）识别结束后，给目标电缆做好标识。

［注意事项］在确定目标电缆中，接收机两端红/绿指示灯闪亮与发射机所显示两端的红/绿指示灯相同。

五、总结

（1）若非目标电缆，则红/绿指示灯基本不亮或只有1~2个灯闪亮。

（2）开机后，如果发射机显示正常，而接收机无信号，则表示电阻过大，需调整电缆两端的接地线阻。

项目十八

用冲闪或直闪测试 10kV 电缆高阻接地故障并精确定点

一、学习任务 Search

了解 10kV 电缆的常见故障，并通过冲闪和直闪测试来掌握 10kV 电缆高阻接地故障并进行精确定点。

二、工器具及材料 Search

（1）工器具：常用电工工具、安全帽、安全遮栏、标示牌、工具包、绝缘手套。

（2）设备：T905 电缆故障测距仪、T303 高压发生器、T505 电缆故障定点仪、电容、绝缘电阻表、万用表、轮式测距仪、柔性连接电缆、接地线、实验线包（如图 18-1 所示）。

图18-1 工器具及材料

（3）材料：故障电缆。

三、安全要求 Search

（1）需持工作票并得到许可后方可开工。

（2）测试工作由两人进行，一人操作，一人监护。

（3）电缆耐压试验前，加压端应做好安全措施，防止人员误入试验场所；另一端应设置安全围栏并挂上警告标示牌，如另一端是上杆的或是锯断电缆处，应派专人看守。

（4）试验后，对测试电缆和电容器充分放电。

（5）测试过程应统一指挥，精心操作。

四、操作步骤 Search

◆ 1. 操作要求

（1）测试仪器连接线安装正确，连接线与仪器之间的连接必须牢固（如图 18-2 所示）。

（a）仪器正确连接

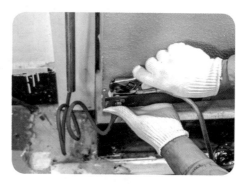

（b）保证地线连接牢固

图18-2　正确接线（一）

（c）连接测试电缆

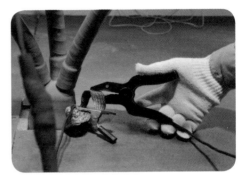
（d）连接地线

图18-2　正确接线（二）

（2）必须正确、规范地使用仪器仪表（如图18-3所示）。

（3）使用结束后，必须立即对仪器仪表及被测设备放电。

图18-3　正确使用仪器仪表

（4）操作人员必须与带电设备保持足够的安全距离。

（5）设置监护人及辅助人员各一名。

◆ 2.操作步骤

（1）准备工作，着装规范，设置围栏并挂上警告标示牌，检查仪器仪表（如图18-4所示）。

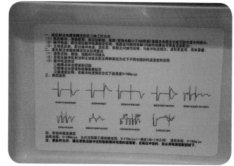

（a）检查电缆故障定点仪　　　　　　　（b）阅读仪表操作说明

图18-4　检查仪器仪表

（2）故障探测流程。

1）测量电缆的连续性，有无断线开路。

检查芯线导通情况，电缆线芯连续性受到破坏，形成断线，常见类型有单相断线、两相断线、三相断线，并多已接地的形式出现。

2）测量绝缘电阻确定高阻低阻。

a. 低阻故障的表现是：导体连续性良好，但电缆一芯或数芯对地绝缘电阻值或芯与芯之间的绝缘电阻值低于 0.1MΩ。

b. 高阻故障的表现是：导体连续性良好，但电缆一芯或数芯对地绝缘电阻值或芯与芯之间的绝缘电阻值低于正常值很多，但高于 0.1MΩ。

3）判断故障性质（高阻闪络或高阻泄漏）。用直流耐压试验可以准确地判断是高阻闪络还是高阻泄漏的故障性质。

a. 高阻闪络：在做电缆直流耐压试验时，当试验电压升至某值时，泄漏电流表突然升高，指针呈闪络性摆动，把试验电压稍降一点时，此现象就消失，这时电缆绝缘仍有较大的阻值。

b. 高阻泄漏：在做电缆直流耐压试验时，泄漏电流随着试验电压的增高而增高，当试验电压升高到额定值时，有时还远远没有到达额定值时，泄漏电流就已经超过允许值然后设备保护性跳闸。

4）根据电缆绝缘介质类型确定波速度，如表18-1所示。电缆中的波速度只与电缆的绝缘介质性质有关，而与电缆芯线的材料与截面积无关；对于不同材料的电缆，只要绝缘介质相同，其波速度是基本不变的。

表 18-1   常用电力电缆中的波速度表

名称	波速度（m/μs）
油浸纸	160
不滴流纸	144
聚苯乙烯	184
交联聚乙烯	172
聚氯乙烯	142
天然橡胶	190
乙丙橡胶	200
丁苯橡胶	195
丁基橡胶	200

5）测距仪测电缆全长。低压脉冲法可用于测量电缆的长度、测距时向电缆发射一脉冲信号，电磁波在沿线路传播时，所遇到的波阻抗是不变的，但是当传播到终点时即阻抗不匹配点时，不能继续传播，又没有负载接受能量，只能反射，再采用脉冲计数原理，通过测量时间间隔内高频脉冲的个数，得到被测时间间隔的精确值，从而实现电缆长度的测量。

6）根据故障性质选择测试方法（高阻闪络用直闪法，高阻泄漏用冲闪法）。

a. 直闪法：用高压设备把电压升高到一定数值时就会产生闪络击穿。通过调压器和一个高压试验变压器对储能电容器充电，电容器串一电阻与电缆连接形成回路，线性电流耦合器与该回路耦合，用于检测信号。当电容器电压增加到一定数值时，电缆故障点被高压击穿，形成短路电弧，故障点电压迅速接近于零，产生一个突跳电压和突跳电流，从故障点向两端传播。在电缆的一端检测电流脉冲在测量端和故障点之间往返一次的时间就能获得故障距离。直闪法波形简单、容易理解，准确度较高。但是由于电容器本身以及电缆存在杂散电感，使得本来应该是负脉冲的波形上出现一个小的正脉冲，影响测距精度。而且，故障经过几次直闪法后，故障电阻下降，就不能再用该方法。

b. 冲闪法：闪络法与直闪法基本相同，只是在充电电容器与电缆之间增加了一个球型放电间隙。对充电电容充电，电压到达一定数值后，球型放电间隙就会击穿放电，电缆线路得到一个瞬时高压，当该高电压高于故障点临界击穿电压时，就使故障点击穿放电，产生的电流电压信号向两端传播。捕捉到该信号就可以实现故障测距。与直闪法相比而言，冲闪法波形比较复杂，辨别难度较大，准确度较低，但是适用范围更广一些。

7）故障距离粗测。根据电缆的故障性质，选择适合的测试方法，测出仪器设备上的电缆波形图故障距离数据，任何电缆故障的查找，均以找到故障发生点为最终目的，但就其查找过程来说，一般分为三个步骤：一为故障距离粗测；二是寻找故障电缆埋设路径；三是精确定位故障点。

8）测路径，熟知电缆敷设路径，对精确定点起到事半功倍的效果。由发射机产生电磁波并通过不同的发射连接方式将信号传送到地下被探测电缆上，地下电缆感应到电磁波后，在电缆表面会产生感应电流，感应电流就会沿着电缆向远处传播，在电流的传播过程中，又会通过该地下电缆向地面辐射出电磁波，这样当接收机在地面探测时，就会在电缆上方的地面上接收到电磁波信号，通过接收到的信号强弱变化来判别地下电缆的位置和走向。

9）精确定点，如图 18-5 所示。声测量法是高压脉冲发生器放电到故障电缆上，故障点产生电弧和放电声，定点仪器的声学探头接收并放大的震爆信号，然后通过耳机或表头输出。

同时也可以采用声测量法和声磁同步定点法相结合的方法来对故障点进行精确定点。

图18-5　精确定位

（3）工作终结。

1）放电，短接电容。

2）清理仪器仪表，工器具归位，退场。

项目十九
电缆故障波形分析判断

一、学习任务 Search

电缆故障测试工作是一项专业性很强的工作，要想快速、准确地诊断出故障点，必须具有大量的电缆故障测试实测经验。通过本次的学习，让大家简单地了解怎样获得理想的波形、如何分析复杂的波形等。要熟悉电缆故障波形分析判断，需要了解波形形成的机理和波形的演变过程，更需要在以后的工作中提高实测技能和掌握实测技巧。

二、工器具及材料 Search

（1）工器具：电工组合工具、安全用具。

（2）设备：模拟电缆故障箱、T905 测距仪、T303 高压发生器、电容、柔性连接电缆、接地线、放电棒、试验线包（如图 19-1 所示）。

图19-1　工器具及材料

三、安全要求 Search

（1）试验时防触电，工作现场做好安全措施（如图 19-2 所示）。

图19-2　做好安全措施

（2）加压时，工作人员与带电部位保持足够的安全距离。

（3）试验后，对测试电缆和电容器逐相充分放电，如图 19-3 所示。

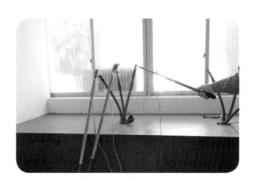

图19-3　充分放电

（4）测试过程应统一指挥，精心操作。

（5）测试仪器连接线安装正确，连接线与仪器之间的连接必须牢固（如图 19-4 所示）。

（a）测试仪器正确接线 （b）保证地线连接牢固

图19-4 正确接线安装测试仪器

（6）必须正确、规范地使用仪器仪表。

（7）设置监护人及辅助人员。

四、实操步骤

（1）准备工作。

1）着装规范（如图19-5所示）。

图19-5 规范着装

2）设置围栏并悬挂警告标识牌（如图19-6所示）。

（a）悬挂标识牌

（b）悬挂警告牌

图19-6 施工场所安全设置

3）检查仪器仪表。

（2）电缆故障波形分析判断的工作过程如图 19-7～图 19-15 所示。

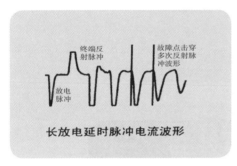

图19-7 长放电延时脉冲电流波形

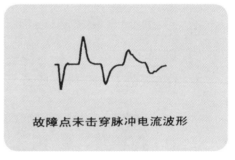

图19-8 故障点未击穿脉冲电流波形

图19-9 典型脉冲电流波形

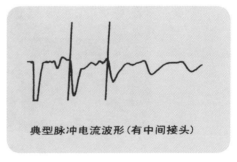

图19-10 典型脉冲电流波形（有中间接头）

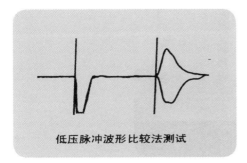

图19-11 低压脉冲波形比较法测试

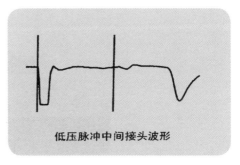

图19-12 低压脉冲中间接头波形

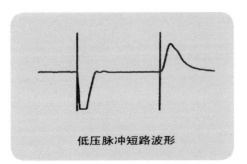

图19-13 低压脉冲短路波形

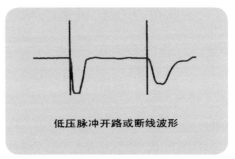

图19-14 低压脉冲开路或断线波形

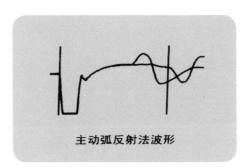

图19-15 主要弧反射法波形

（3）工作终结。

1）放电，短接电容（如图19-16所示）。

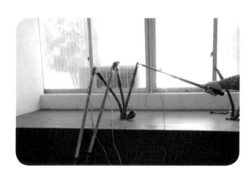

图19-16　充分放电，短接电容

2）清理仪器仪表，工器具归位，退场。

项目二十

110kV 单芯电力电缆外护套故障查找

一、学习任务 Search

本项目主要介绍 110kV 单芯电力电缆外护套故障查找。通过学习，掌握 110kV 单芯电力电缆外护套故障查找的操作流程和安全注意事项，熟悉 110kV 单芯电力电缆外护套故障查找的原理和方法。

二、工器具及材料 Search

（1）工器具：万用表、2500V 绝缘电阻表、QF1-A 型惠思登电桥、测试用短接线、跨步电压电缆故障仪、声磁同步定点仪、直流冲击电压发生器、安全警示围栏、安全警示牌（"从此进出""止步，高压危险！"），如图 20-1 所示。

（2）材料：10kV 电力电缆外护套故障模拟线路、记录用纸笔。

图20-1 工器具及材料

三、安全要求 Search

（1）加压端区域设置安全警示围栏，向外悬挂"止步，高压危险！"安全警示牌，另一端设置安全警示围栏并派专人看守。

（2）作业人员着全棉长袖工作服、绝缘鞋，佩戴安全帽、手套，使用万用表时须戴绝缘手套（如图20-2所示）。

图20-2 现场安全设置及作业人员着装

（3）试验用短接线截面不得小于被试电缆截面。

（4）试验前须对被试电缆进行逐相充分放电，对一相外护套进行测量绝缘电阻时，另外两相电缆应接地（如图20-3所示）。

图20-3 试验前准备

四、实操步骤 Search

（1）外护套绝缘电阻测试。使用 2500V 绝缘电阻表分别对被试电缆三相外护套进行绝缘电阻测试，判断电缆故障相和故障性质，并做好记录（如图 20-4 所示）。

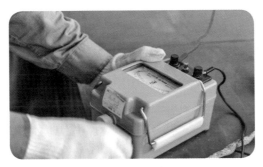

图20-4　外护套绝缘电阻测试

（2）外护套故障距离初测。使用 QF1-A 型惠思登电桥对被试电缆外护套故障点进行故障距离初测（如图 20-5 所示）。

（a）惠思登电桥　　　　　　　　　　（b）故障距离初测

图20-5　外护套故障距离初测

（3）外护套故障精确测量。配合跨步电压法电缆故障定位仪的信号发生器，采用跨步电压法在初测故障点前后 50m 范围内进行精确测量。

（4）外护套故障精确定位。在跨步电压法精确测量故障点的基础上，使用直流冲击电压使故障点放电，用声磁同步定点仪进行精确定点。

（5）故障点的正确性与唯一性确认。对故障点处进行处理，用玻璃片去除故障点周围 50mm 范围内的石墨层，将故障点电缆悬吊使其悬空，保证故障点处于干燥且无其他地电位接触，此时再对电缆外护套进行绝缘试验。若合格，证明该处故障点的正确性与唯一性；若不合格，说明还有故障点存在，需重复上述操作。

（6）完工清场。操作完毕，清理现场，清点工器具、材料无误后，汇报完工（如图 20-6 所示）。

图20-6　清理现场汇报完工

项目二十一
电桥法测量电力电缆单相低阻接地故障

一、学习任务 Search

本项目主要介绍使用电桥法测量电力电缆单相低阻接地故障的相关学习内容；通过学习，掌握电桥法测量单相低阻接地故障的操作方法与安全注意事项；熟悉电桥法测量单相低阻接地故障的测量原理。

二、工器具及材料 Search

（1）工器具：QF1-A惠思登电桥一台（如图21-1所示）、万用表一块（如图21-2所示）、绝缘手套一副、安全围栏、安全警示牌（"从此进出""止步，高压危险！"）。

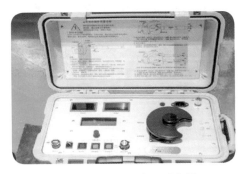

图21-1　QF1-A惠思登电桥

图21-2　万用表

（2）材料：试验用短接线、试验用连接导线（如图21-3所示）。

图21-3　工器具及材料

三、安全要求

（1）测试端设置安全隔离，在围栏上向外悬挂"从此进出""止步，高压危险！"安全警示牌，被试电缆线路另一端设置安全隔离并派专人监护（如图21-4所示）。

（a）悬挂安全警示牌　　　　　　　（b）设置安全隔离并派专人监护

图21-4　安全设置

（2）作业人员着全棉长袖工作服、绝缘鞋，佩戴安全帽、干燥的手套（如图21-5所示）。

图21-5 正确着装

（3）使用万用表时须戴绝缘手套。

（4）试验由两人进行，一人操作、一人记录试验数据。

四、实操步骤 Search

（1）作业前收集被测电缆线路的详细资料，包括电缆截面积、长度等。在被测电缆的另一端用不小于被测电缆截面积的跨接线短接，使用万用表检查电缆是否断线（如图21-6所示）。

图21-6 用万用表检查电缆

（2）在测试端用 QF1-A 型惠思登电桥测试两侧线芯导体的直流电阻，分别用正接法和反接法（如图21-7所示）。

图21-7　使用QF1-A型惠思登电桥测试图

记录每次的测量数据，如图21-8所示。使用电桥法测量电缆单相接地故障的原理接线，如图21-9所示。

图21-8　记录测量数据

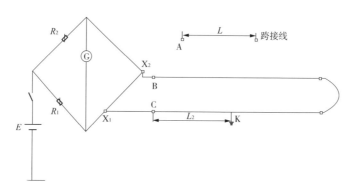

图21-9　电桥法接线法

按图 21-9 所示要求将电桥的测量端子 X1 和 X2 分别接电缆的故障相（C）和完好相（B），B、C 相的另一端用跨接线短接，使两相构成环线。由于电桥本身两个桥臂的电阻 R_1、R_2 为已知量，故障点（k）两侧的环线电阻构成电桥的另外两个桥臂。

（3）若设电缆长度为 L，故障点 k 到测试端的距离为 L_x，电缆的全部纤芯截面积和导体材料相同。调节 R_1 和 R_2，当电桥平衡时，根据公式 $R_2/R_1=（2L-L_x）/L_x$ 可计算出 L_x 的值并做好记录。调换电桥测量端子 X1 和 X2 所接电缆的故障相与完好相（如图 21-10 所示），重复上述步骤，得到另一组数据，做好记录。

图21-10 调换电桥测量端子

（4）试验结束，对被试电缆进行逐相充分放电，清点现场工器具与材料，确认无任何遗漏，汇报完工（如图 21-11 所示）。

图21-11 清理现场，汇报完工

项目二十二
110kV 单芯电力电缆外护套故障修复处理

一、学习任务 Search

本项目主要介绍使用 110kV 单芯电力电缆外护套损伤的处理方法；通过学习，掌握 110kV 单芯电力电缆外护套故障修复处理的操作方法与安全注意事项，熟悉 110kV 单芯电力电缆外护套故障修复原理及工艺要求。

二、工器具及材料 Search

（1）工器具：2500V 绝缘电阻表一块、耐压试验设备、液化气罐、燃气喷枪（含减压阀）、钢直尺（600mm）、记号笔、干粉灭火器一个。

（2）材料：交联聚乙烯绝缘电力电缆（3m）、清洁布、玻璃片（150mm×50mm×2mm）、密封胶、阻水带、绝缘自粘带、PVC 带、半导电带、热熔胶、热缩绝缘拉链管、防毒口罩（如图 22-1 所示）。

（a）工器具

图22-1 工器具及材料（一）

（b）材料

图22-1　工器具及材料（一）

三、安全要求

（1）动火作业、电气试验及操作遵循安全工作规程，现场保持通风。

（2）作业人员着全棉长袖工作服、绝缘鞋，佩戴安全帽、手套（如图22-2所示）。

图22-2　正确着装

（3）使用玻璃片时注意不要划伤手。

四、实操步骤

（1）故障点的进潮判断和预处理。将故障点处理干净，确认电缆外护套内没有进潮（如图22-3所示）。

图22-3　清理故障点

用玻璃片将电缆外护套故障点周围100mm的石墨层去除（如图22-4所示）。

（a）量取去除石墨层长度

（b）用玻璃片去除石墨层

（c）去除石墨层

图22-4　清理故障点

将故障点两侧各 600mm 的电缆本体清理干净。

（2）绕包阻水带。使用密封胶填充故障点，将故障点的凹处填平（如图 22-5 所示）。

图22-5　使用密封胶填充故障点

绕包 2 层阻水带，以故障点为中点，向两侧各延伸 100mm，半搭叠绕包，绕包时将胶带拉伸至原来宽度的 3/4，完成后用双手挤压胶带，使其紧密贴附（如图 22-6 所示）。

图22-6　绕包2层阻水带

（3）绕包防水绝缘自粘带。绕包 4 层绝缘自粘带，以故障点为中点，向两侧各延伸 200mm，半搭叠绕包，绕包时拉伸长度为原长度的 200%（如图 22-7 所示）。

（a）防水绝缘自粘带 　　　　　　　　（b）半搭叠绕包

图22-7　绕包防水绝缘自粘带

（4）绕包半导电自粘带。绕包2层半导电自粘带，以故障点为中点，向两侧各延伸300mm，半搭叠绕包，绕包时拉伸长度为原长度的200%（如图22-8所示）。

图22-8　绕包半导电自粘带

（5）绕包PVC胶带。绕包2层PVC胶带，以故障点为中点，向两侧各延伸400mm，半搭叠绕包，绕包时拉伸长度为原长度的100%（如图22-9所示）。

（6）热收缩拉链管。在两侧PVC带断口处及热收缩拉链管两侧分别绕包热熔胶，套上热缩拉链管，用燃气喷枪加热收缩，注意收缩时局部温度不宜过高，应均匀加热，使热缩拉链管收缩到位。

图22-9　绕包PVC胶带

（7）绝缘试验。对处理完的电缆外护套做绝缘电阻测试和耐压试验。

（8）清理现场，清点工器具材料，确认无误后汇报完工（如图22-10所示）。

图22-10　清理现场

参考文献

[1] 国网湖北省电力公司.电网企业生产岗位技能操作规范　电力电缆工.北京：中国电力出版社，2014.

[2] 国网湖北省电力公司.电网企业生产岗位技能操作规范　配电线路工.北京：中国电力出版社，2014.

[3] 国网湖北省电力公司人力资源部.电网企业生产技能人员职业技能操作培训规范.北京：中国水利水电出版社，2016.7.

[4] 国网湖北省电力公司.电网企业生产岗位技能操作规范电力电缆工.北京：中国电力出版社，2014.8.

[5] 国家电网公司人力资源部.输电电缆.北京：中国电力出版社，2010.9.

[6] 国家电网公司人力资源部.国家电网公司生产技能人员职业能力培训专用教材输电电缆.中国电力出版社，2010.